I0067222

ÉTUDES

SUR LA

CULTURE INTENSIVE MIXTE

DANS LE PAYS DE CAUX

PAR A. ROBERT, DE GODERVILLE,

Ancien Vice-Président de la Société d'Agriculture de l'arrondissement du Havre.
Membre de la Société des Agriculteurs de France.

TROISIÈME ÉDITION

« ..... Le gouvernement est certainement intéressé au développement
« de la richesse publique; quand il ne verrait là qu'une question d'impôts,
« il comprendrait encore qu'en enrichissant le pays, il grossit le budget des
« recettes. Mais aucun ministre n'ignore que la tranquilité du pays et la
« facilité de l'administration dépendent en grande partie du bien-être des
« populations. Or, quelle industrie peut contribuer au bien-être de tous
« plus puissamment que l'agriculture, qui occupe vingt-cinq millions de
« Français et en nourrit trente-sept millions? Avec un peu d'intelligence
« et de bon vouloir, *on peut bien aisément doubler, en vingt ans, le pro-*
« *duit net de l'agriculture française, et cela sans un centime de subvention*
« *de l'Etat. N'est-ce pas là un résultat capable de tenter un gouverne-*
« *ment?.....* »
                                        Ch. ESTERNO.

Prix : 3 fr.

ROUEN

IMPRIMERIE LÉON DESHAYS

Rue des Carmes, 58.

1885

ETUDES

SUR LA

CULTURE INTENSIVE MIXTE

DANS LE PAYS DE CAUX

8° S
46.15

ETUDES

SUR LA

CULTURE INTENSIVE MIXTE

DANS LE PAYS DE CAUX

PAR A. ROBERT, DE GODERVILLE,

Ancien Vice-Président de la Société d'Agriculture de l'arrondissement du Havre,
Membre de la Société des Agriculteurs de France.

———

TROISIÈME ÉDITION

———

« ..... Le gouvernement est certainement intéressé au développement
« de la richesse publique; quand il ne verrait là qu'une question d'impôts,
« il comprendrait encore qu'en enrichissant le pays, il grossit le budget des
« recettes. Mais aucun ministre n'ignore que la tranquilité du pays et la
« facilité de l'administration dépendent en grande partie du bien-être des
« populations. Or, quelle industrie peut contribuer au bien-être de tous
« plus puissamment que l'agriculture, qui occupe vingt-cinq millions de
« Français et en nourrit trente-sept millions? Avec un peu d'intelligence
« et de bon vouloir, *on peut bien aisément doubler, en vingt ans, le pro-*
« *duit net de l'agriculture française, et cela sans un centime de subvention*
« *de l'Etat. N'est-ce pas là un résultat capable de tenter un gouverne-*
« *ment?*..... »   Ch. ESTERNO.

———❧———

ROUEN

IMPRIMERIE LÉON DESHAYS

Rue des Carmes, 58.

———

1885

ETUDES

SUR LA

CULTURE INTENSIVE MIXTE

DANS LE PAYS DE CAUX

———o 〰 o———

PRÉFACE.

« La loi des engrais à laquelle nous attachons
« le succès d'une culture énergique et riche est
« celle-ci :

« Fumer chaque plante qu'on cultive au maxi-
« mum. »

C'est-à-dire avec une quantité et une qualité
d'engrais telles qu'elle puisse produire, sauf les
accidents, les plus fortes récoltes dont le climat et
le sol sont susceptibles ; plus on s'en écartera
et plus on éprouvera de ces mécomptes qu'on
attribue à une foule de causes et qui proviennent
de notre faute.

« Quand nous voulons obtenir un fort poids de
l'animal que nous engraissons, nous lui donnons
une nourriture proportionnée à ce poids, et jusqu'à

la limite de ce qu'il peut digérer et s'assimiler : il faut bien qu'on se persuade qu'il en est de même de tous les êtres organisés et que les plantes ne font pas exception. »

(Extrait du Cours d'agriculture du comte de Gasparin, tome III, page 413).

L'agriculture française ne traverse pas une crise passagère, elle subit une révolution complète, c'est une lutte entre le nouveau monde et l'ancien, elle est devenue une véritable industrie.

Comme toutes les autres, elle doit pour lutter contre la concurrence étrangère perfectionner son outillage et user avec discernement des moyens que la chimie agricole met à sa disposition pour diminuer les frais de main-d'œuvre, augmenter sa production et abaisser son prix de revient.

Elle ne peut arriver à ce résultat que par la culture intensive qui a cessé d'être une théorie ; nous n'en sommes plus aux expériences, elle est entrée dans la pratique chez un grand nombre de cultivateurs et devient la seule voie de salut ouverte à l'agriculture. Mais à une condition, c'est de servir aux végétaux les éléments constitutifs de leur organisation sous la forme qui leur convient.

Mais à côté des avantages qu'elle procure, elle présente des dangers qui ne peuvent être conjurés que par une restitution complète des éléments que chaque récolte enlève à la terre.

Comme l'a fort bien dit M. E. Marchand, dans sa remarquable étude sur l'agriculture du pays de Caux :

« Le sol cultivé est comme le coffre-fort d'un
« banquier ; comme lui il fournit les valeurs que
« l'on doit lui restituer de temps en temps en to-
« talité avec intérêts, si l'on ne veut pas le ruiner,
« si on veut le maintenir en état de subvenir à de
« nouveaux emprunts. Le cultivateur qui ne fait
« pas ces restitutions doit être considéré comme
« un débiteur insolvable et malhonnête. »

Nous ne saurions trop le répéter, il faut que ces
restitutions soient complètes : la disparition d'un
seul des principes peut rendre le sol incapable de
produire les plantes qui les absorbent.

On a cru longtemps qu'on pouvait obtenir ce
résultat à l'aide du fumier de ferme ; mais outre
qu'il est souvent en quantité insuffisante, cela ne
serait vrai qu'autant que la récolte entière serait
consommée à la ferme. Mais il n'en est pas ainsi,
une partie des éléments est enlevée par la vente
et l'exportation des récoltes, et ce n'est que par
l'emploi complémentaire des engrais chimiques
qu'on peut demander au sol un rendement maximum sans l'appauvrir.

« Les éléments qui composent la substance des
végétaux, a dit M. Georges Ville, se divisent en
trois groupes distincts, eu égard à la source de
laquelle ils proviennent.

« Le premier comprend le carbone, l'hydrogène
et l'oxygène, dont la somme égale les 93 centièmes
du poids des végétaux.

« Or ces trois éléments ayant l'air et l'eau de la
pluie pour origine, on n'est pas tenu d'en donner

à la terre, on peut lui en emprunter plus qu'on ne lui en rend.

« Le second groupe des éléments qui participent aussi à la vie végétale dans la proportion des 4 centièmes est représenté par le chlore, l'acide sulfurique, la silice, l'oxyde de manganèse, l'oxyde de fer, la magnésie et la soude qu'on peut se dispenser de donner au sol, parce que les plus mauvaises terres en sont abondamment pourvues.

« Enfin le troisième groupe, qui se compose des agents de fertilité par excellence : l'acide phosphorique, la potasse, la chaux, l'azote qui manquent le plus souvent à la terre ou qu'elle ne contient qu'en partie, représente l'apport qu'il est indispensable de lui fournir, parce que leur absence suffit pour frapper tous les autres termes d'inertie. »

Ces quatre substances entrent pour 3 centièmes dans la composition des plantes.

C'est à tort, suivant nous, que M. Georges Ville, contrairement à ce que font MM. Lawes et Gilbert, exclut la magnésie de ses formules d'engrais ; avec la culture intensive on diminue la quantité de fumier qui apporte la magnésie, on le remplace par des engrais qui n'en contiennent pas et ce sel est indispensable à la nourriture de la plupart des plantes que nous cultivons.

Nous allons faire une étude des divers éléments et de leur usage au point de vue pratique de manière à en vulgariser, à en faciliter l'emploi à nos cultivateurs.

N. B. — A l'aide de la culture intensive mixte, avec l'emploi des engrais verts, le propriétaire d'une ferme délaissée peut, avec un faible capital, sans autres bestiaux que ceux qui sont nécessaires pour les labours et les transports, avec un personnel peu nombreux, maintenir sa ferme dans un grand état de fertilité jusqu'à ce qu'il ait rencontré un locataire à sa convenance, ce qu'il ne pourra pas trouver avec un sol abandonné, ruiné et envahi par les mauvaises herbes.

AZOTE.

L'azote est le plus cher et le plus utile des engrais chimiques, on le trouve dans le commerce sous les dénominations suivantes :

Sulfate d'ammoniaque qui fournit l'azote ammoniacal,

Nitrate de soude qui fournit l'azote nitrique,

Nitrate de potasse qui fournit l'azote nitrique,

Les matières organiques qui fournissent l'azote organique.

L'azote est répandu pour ainsi dire dans toute la nature.

A l'état libre, il constitue les 79 centièmes du volume total de l'atmosphère. Aussi, tandis que, pour maintenir la fertilité du sol, il faut lui restituer intégralement tous les éléments minéraux que l'exportation des produits agricoles lui a enlevés, on se contente de lui fournir la moitié de l'azote nécessaire aux récoltes; le reste venant de l'air ou des réserves du sous-sol.

Les légumineuses et les plantes à racines profondes ne demandent pas d'engrais très azotés, elles trouvent une partie de ce qu'il leur faut dans l'air par leurs feuilles, et dans les couches souterraines par leurs racines.

« Il ne faut pas perdre de vue, dit M. Boussin-« gault, que les matières azotées ne fonctionnent « comme engrais qu'avec le concours des phos-« phates. »

Par la nitrification le fumier fournit l'azote aux plantes sous trois formes différentes :

L'azote organique,

L'azote nitrique,

L'azote ammoniacal.

C'est sous ces trois formes que nous l'introduirons dans les formules de la culture intensive mixte.

SULFATE D'AMMONIAQUE.

Le sulfate d'ammoniaque est le sel le plus riche en matières azotées; à l'état pur il contient 21 % d'azote.

Comme ce sel est très cher, ceux qui l'achètent sont exposés à être trompés; la science indique bien plusieurs moyens de constater la fraude, mais ce qu'il y a de mieux à faire, c'est de s'adresser à des maisons bien connues, ou de faire analyser ce produit par un chimiste capable.

En tout cas, il faut exiger le dosage en azote ammoniacal sur la facture, et non pas en ammoniaque, comme le font généralement les Anglais, car 25 % d'ammoniaque ne représentent que 20 à 21 % d'azote ammoniacal. Le sulfate d'ammoniaque convient surtout aux céréales, à toutes les plantes à racines superficielles et aux terrains légers et perméables, à cause de la propriété qu'il possède de remonter à la surface du sol.

Il n'apporte qu'un seul élément utile, l'azote.

Employé seul, il épuise toute la richesse du sol en potasse, en phosphore et en chaux.

Il peut rendre de grands services à la culture, quand la terre étant largement pourvue des autres éléments l'azote seul fait défaut. Cet engrais s'assimile très vite. Au commencement d'avril, si on s'aperçoit que la récolte a un mauvais aspect, que les feuilles jaunissent, il faut répandre de 50 à 100 kilos de sulfate d'ammoniaque à l'hectare.

Son prix est variable.

Il fournit l'azote de 2 fr. à 2 fr. 50 le kil. suivant les cours.

Il résulte d'expériences faites dans ces derniers temps que son action est souvent nulle, dans les terrains silico-argileux, et qu'employé seul comme élément fournissant l'azote des engrais dans certaines conditions, il expose le cultivateur à de graves mécomptes.

NITRATE DE SOUDE.

Le nitrate de soude est un sel formé par l'acide nitrique combiné avec la soude.

Il est livré par le commerce d'importation dans un grand état de pureté et garanti au titrage ; il contient :

Minimum 94,50 de nitrate dozant azote 15,57 %.
Maximum 96,45   —   —   —   15,88 %.

L'acheteur doit exiger sur la facture la garantie minimum de 15,50 % d'azote nitrique.

Il est nécessaire qu'il connaisse bien la moralité de son vendeur, car il est facile de faire la fraude par l'introduction de 20 à 25 % de chlorures et de sulfates difficiles à distinguer autrement que par l'analyse.

Un écart de 1 % d'azote correspond à une différence de 6 % sur la valeur du nitrate de soude, soit environ 2 fr. sur le prix actuel des 100 kilos.

Il contient deux éléments, l'azote et la soude, soit environ 15,50 d'azote à 35 % de soude.

Employé seul, il absorbe, au détriment des récoltes futures, la potasse, le phosphore et la chaux.

Il convient aux prairies, aux plantes à racines profondes et pivotantes, comme betteraves, carottes et colzas.

Ce sel étant très assimilable, ne doit pas être employé avant le printemps.

NITRATE DE POTASSE.

Le nitrate de potasse est le résultat de la combinaison de la potasse avec l'acide nitrique ; c'est un produit presque pur, vendu dans le commerce sous le nom de salpêtre.

Au titrage, il est garanti à :

Minimum, 12,28 d'azote nitrique, 41,30 de potasse ;

Maximum, 13,71 d'azote nitrique, 46,08 de potasse.

On a adopté généralement le dosage moyen de :

13 % d'azote nitrique.

44 % de potasse.

L'exiger sur la facture.

C'est également un sel facile à falsifier.

Comme azote, son prix est trop élevé pour être employé exclusivement pour cet élément.

Il apporte au sol l'azote et la potasse.

Les nitrates à proportion égale d'azote produisent plus d'effet que les sels ammoniacaux.

« Quelques cultivateurs émerveillés des résultats qu'ils voyaient acquis par leurs voisins, au moyen de certains engrais chimiques, tels que le nitrate de soude et le sulfate d'ammoniaque, que ceux-ci employaient au printemps comme complément à une demi-fumure de fumier de ferme, ont pensé pouvoir remplacer ce dernier par une dose plus élevée de ces produits; le résultat qu'ils ont obtenu fut d'abord une récolte abondante de betteraves ou de blé, mais les betteraves, surtout celles fumées exclusivement avec du nitrate de soude, étaient de mauvaise qualité et furent refusées par les fabricants de sucre, ou acceptées avec des tares considérables ; le blé versa avec plus de facilité que celui cultivé avec du fumier ou des engrais complets ; chose beaucoup plus grave, leurs terres subirent, par suite de l'emploi de ces engrais, une modification profonde qui se fit sentir durant plusieurs années, et à laquelle on ne put que très difficilement remédier.

« Cette modification consiste en ce que l'humus, la matière humique étant complètement brûlée, l'argile, le sable et les substances minérales proprement dites s'agglomérèrent sous l'influence des pluies d'hiver, le sol se tassa, devint blanchâtre et presque complètement imperméable à l'air, à l'eau et à la lumière. Nous avons vu des champs ainsi maltraités qui avaient l'apparence et la dureté de la pierre et qu'il fallait presque travailler à la pioche.

« Des cultivateurs qui avaient eu ce désagrément chez eux nous ont avoué que plusieurs années de soins, de travaux et de dépenses assez élevées de fumier et autres engrais organiques n'avaient pu remettre complètement leur terre dans son état primitif. Le mal dont nous parlons est beaucoup plus sensible et plus rapidement causé par l'emploi des doses exagérées de nitrate de soude, que par celui de sulfate d'ammoniaque.

« Nous signalons ce fait aux agriculteurs qui seraient tentés d'abuser de ces engrais. »

(Extrait de la conférence de M. Ladureau, directeur de la station agronomique, au congrès agricole de Lille).

AZOTE ORGANIQUE.

Les matières organiques animales et les matières végétales en décomposition fournissent de l'azote, et leur valeur agricole dépend :

1° De leur richesse en azote ;

2° Du degré d'assimilabilité de l'azote qu'elles contiennent.

La richesse en azote peut être donnée par la science, mais l'expérience seule peut faire connaître le degré d'assimilabilité.

Les matières organiques animales sont plus riches en azote que les matières végétales.

Le sang et les viandes sont celles qui entrent le plus facilement en décomposition.

Nous ne nous occuperons, comme matières animales, que du sang et de la viande desséchés comme matières fournissant l'azote organique, et comme matières végétales, des tourteaux de graines oléagineuses.

Les plus avantageux à employer, à cause de leur prix, sont ceux qui ne conviennent pas pour la nourriture des bestiaux, tels que sésames, ricins, arachides en coques, niger, etc., etc.

On se base, pour le prix d'achat, sur leur richesse en azote et en phosphate. Bien que dans le sang et la viande desséchés particulièrement l'azote revienne à un prix élevé, leur emploi nous a paru avantageux comme complément du fumier pour certaines récoltes, particulièrement pour blés et colzas, leur assimilation est plus lente que celle des sels ammoniacaux ; elle n'agit pas sur la plante en hiver, elle suit pour ainsi dire les progrès de la végétation, par un effet lent et durable jusqu'à la maturité. Il y a dans la décomposition des matières organiques, et leur transformation en azote, une perte qui n'est pas très considérable ; dans le sang elle ne doit pas dépasser 10 %, quand la terre est bien divisée, et qu'elle permet l'introduction facile de l'air.

Mais les matières organiques contiennent de l'humus qui assure dans une certaine proportion la fertilité du sol.

L'humus par l'érémacausie se transforme par une combustion lente en acide carbonique qui est indispensable à la nitrification.

L'emploi des matières organiques dont la décomposition est lente est surtout avantageux dans les terres tellement légères et dépourvues de matières et de débris végétaux que les sels y seraient entraînés par les eaux de pluie.

Dans ces terres, l'emploi des sels n'est possible qu'en fractionnant l'épandage en deux ou trois fois pendant le cours de la végétation.

AZOTE ATMOSPHÉRIQUE.

Une certaine quantité d'azote est également fournie aux plantes par l'atmosphère, d'une manière irrégulière, contestée, mais indéniable, puisque, pour la plupart des récoltes, nous n'avons besoin d'apporter par les engrais que la moitié de l'azote qu'elles consomment. Les pluies fournissent une certaine quantité d'azote nitrique et ammoniacal, la quantité en est variable. Suivant M. E. Marchand, elle serait de 8 kil. par hectare et par an dans le pays de Caux ; suivant M. Barral, de 31 kil. dans les environs de Paris. Dans les années dites favorables, on s'aperçoit facilement de l'apport de l'azote atmosphérique : sa présence se manifeste par une végétation luxuriante de tous les végétaux. On dit : la récolte se présente bien. C'est alors que le cultivateur intelligent doit intervenir pour profiter de ce don de la nature.

L'atmosphère n'apportant que de l'azote, il faut en contrebalancer l'effet par un complément des trois engrais minéraux, phosphore, potasse et chaux, qu'un excès d'azote enlèverait à la terre.

Il ne faut pas perdre de vue que l'acide phosphorique est encore plus nécessaire que l'azote pour la formation du grain.

Si, au contraire, l'année est peu favorable et que les pluies d'hiver aient entraîné dans le sous sol l'azote des engrais, la végétation languit, les herbes et les feuilles des blés jaunissent ; il faut

2

suppléer à ce que la nature n'a pas donné, et ne pas hésiter à répandre, au printemps, 100 à 200 kil. de nitrate de soude ou de sulfate d'ammoniaque par hectare.

Les gens qui sont encore sous l'empire de la vieille routine font souvent le contraire de ce qu'ils doivent faire; ils répandent des guanos, des nitrates ou sulfates ammoniacaux très riches en azote, sur des récoltes déjà trop largement pourvues de cet élément et la verse est, presque toujours, la conséquence de cette inintelligente opération.

Cette quantité d'azote fournie par l'atmosphère dans les années dites favorables, si elle se succédait plusieurs fois de suite, amènerait fatalement l'épuisement du sol, si on n'opérait pas en même temps une restitution complète des éléments minéraux que l'air ne fournit pas et que son azote enlève dans de grandes proportions.

POTASSE.

Toutes les plantes font une consommation considérable de potasse, qui est fournie dans le commerce des engrais sous les dénominations suivantes :

1° Carbonate de potasse,
2° Nitrate de potasse,
3° Sulfate de potasse,
4° Chlorure de potassium.

CARBONATE.

Le carbonate est le plus facile à se décomposer.

Il n'existe dans l'industrie qu'en mélange avec les différents produits dont il est extrait : il ne doit jamais être employé avec le sulfate d'ammoniaque qu'il décompose, ni avec les superphosphates qu'il rend insolubles ; il n'est au contraire d'aucun effet sur les nitrates et les phosphates.

Il est trop cher pour les engrais de grande consommation.

NITRATE DE POTASSE.

Le nitrate de potasse, qui vient ensuite, s'assimile facilement ; il contient deux éléments, l'azote et la potasse, ce qui le rend doublement utile aux plantes.

Il contient 44 % de potasse, il fournit l'azote à 2 fr. 50 et la potasse à 0 fr. 65 le kil.

SULFATE DE POTASSE.

Le sulfate de potasse n'est guère employé dans la fabrication des engrais. Quelques personnes ont obtenu de très bons résultats de l'emploi de ce sel, sur les récoltes, racines et les prairies à base de légumineuses, et surtout sur le sainfoin. On le trouve à bas prix mélangé à la magnésie, et à d'autres produits dans le kainit qui nous vient des mines de Stassfurtt, en Allemagne.

CHLORURE DE POTASSIUM.

Le chlorure de potassium à 80° de sel, est l'équivalent de :

50 % de potasse et de
50 % de chlore.

Il livre la potasse à 0 fr. 48 le kil.

On a longtemps contesté son assimilabilité, mais aujourd'hui on sait qu'il produit les meilleurs effets sur les terres qui sont suffisamment pourvues de carbonate de chaux.

Mélangé avec le nitrate de soude, il forme deux éléments différents : le chlorure de sodium qui est entraîné dans le sol, et le nitrate de potasse qui est assimilable.

Comme pour les autres corps, exiger le dosage sur facture.

La potasse employée en excès peut produire de mauvais effets ; accumulée dans les tissus des plantes, elle produit l'engorgement et empêche leur entier développement.

Nous signalons un autre danger que présente la potasse employée en excès. On verra plus loin que pendant la formation des fruits une notable partie de la potasse contenue dans la plante fait retour au sol par voie d'excrétion.

Comme elle entraîne dans ce moment une certaine quantité d'acide phosphorique, elle n'en laisserait pas assez pour nourrir les fruits, si elle était trop abondante dans la plante au moment de la floraison.

PHOSPHORE.

Ce corps est extrait du phosphate de chaux.

Les plantes se l'assimilent par leurs racines à l'état d'acide phosphorique ; toutes les récoltes en ont besoin pour remplacer ce que l'exportation a pris au sol, particulièrement par les os, les grains et le lait.

L'agriculture pour se procurer de l'acide phosphorique achète des superphosphates qui en contiennent depuis 10 jusqu'à 23 %. Ils doivent être taxés au degré et non aux 100 kil., à cause des différences complexes et variables qui proviennent de leur fabrication.

Les superphosphates minéraux se présentent dans le commerce sous trois formes différentes contenant :

Acide phosphorique soluble dans le citrate alcalin à froid,

Acide phosphorique soluble dans l'eau,

Acide phosphorique insoluble.

Les superphosphates d'os contiennent :

Acide phosphorique soluble dans le citrate alcalin à froid et dans l'eau,

Acide phosphorique rétrogradé,

Acide phosphorique insoluble.

Plus une certaine quantité d'azote.

C'est sous ces différentes désignations, stipulées sur la facture, que le cultivateur doit acheter le phosphore.

Les superphosphates doivent être semés en couverture; enterrés profondément, ils seraient entraînés par les eaux des pluies dans les couches inférieures et ne produiraient pas d'effet utile.

Ils n'apportent au sol que deux éléments, le phosphore et la chaux, c'est l'acide phosphorique seul dont on tient compte.

L'acide phosphorique se trouve dans les cendres de tous les végétaux, on le rencontre souvent en abondance dans les graines des céréales. Celles du blé en contiennent jusqu'à 47 %.

Dans les terres acides, il faut employer de préférence aux superphosphates les phosphates précipités, ils n'ont pas comme les superphosphates une tendance à se laisser entraîner dans le sous-sol, ils conviennent aux terrains sablonneux, aux céréales et en général à toutes les plantes qui ont des racines superficielles.

Les Anglais emploient considérablement de poudres d'os, qui contiennent des phosphates mélangés avec la magnésie et le carbonate de chaux. Jusqu'alors nos cultivateurs ne s'en sont pas servis. Nous pensons que des essais seraient intéressants à faire.

« Le phosphate de chaux, les sels calcaires et terreux, dit M. Boussingault, n'exercent une action favorable sur la végétation qu'à la condition d'être associés à une matière azotée ».

M. Risler, le savant professeur de l'institut agronomique de Paris, qui est aussi un agriculteur pratique, a été conduit par ses propres expériences à reconnaître que la matière organique possède la propriété de dissoudre le phosphate de chaux à un plus haut degré que l'acide carbonique.

C'est pour cela que nous avons associé aux phosphates, dans nos fumures d'automne, le sang et la viande desséchés, afin que, par suite des réactions qui se passent au sein de la terre, ils puissent former des combinaisons organo-minérales utiles et fertilisantes en devenant solubles.

L'épandage des phosphates de chaux sur le fumier au fur et à mesure qu'on le met en tas produit d'excellents effets, il faut en mettre 10 kil. par mètre carré.

Certains marchands ont l'habitude de doser leur engrais en phosphates solubles dans l'eau ; pour bien se rendre compte de leur valeur en acide phosphorique, il faut diviser le chiffre des phosphates par 2.183.

Ainsi 26 kil. de phosphates solubles dans l'eau ne représentent que $11^k,91$ d'acide phosphorique.

CHAUX.

La chaux s'emploie en agriculture de deux manières différentes : 1° à l'état de chaux vive ; 2° à l'état de sulfate de chaux (plâtre).

A l'état de chaux vive, elle agit comme amendement, et comme engrais elle modifie la constitution du sol ; elle sert aux besoins de la nutrition des plantes, elle apporte aussi un corps qui, par ses combinaisons avec les matières végétales, met à la disposition des plantes un certain nombre de principes constituants qui ne sont devenus assimilables que par leur contact avec la chaux.

M. Boussingault a reconnu que dans le chaulage à faible dose 100 kil. de chaux développent immédiatement 2 à 4 kil. d'ammoniaque et, eu égard à la valeur de l'amendement, c'est de l'azote assimilable à un prix peu élevé.

Le cultivateur qui saupoudre sa terre ou ses herbages avec de la chaux éteinte fait exactement la même opération que s'il répandait des sels ammoniacaux.

La chaux quand elle est en excès, en se trouvant transformée dans le sol en carbonate de chaux par une réaction chimique naturelle, rend assimilable l'acide phosphorique qui s'y trouve à l'état insoluble quand il est combiné à l'état de phosphate de sexquoxyde de fer.

Ces transformations se font aux dépens des économies amassées dans le sol. En multipliant les chaulages sans restitution des phosphates et de la potasse, on arriverait à appauvrir la terre arable et donner raison à ceux qui disent :

« La chaux enrichit le père et appauvrit les enfants ».

Pour opérer le chaulage avec fruit il faut répan-

dre la chaux par un temps sec à l'état de division
la plus complète possible et herser vigoureusement
pour rendre la répartition uniforme. La chaux
réchauffe le sol et amène la destruction de certaines herbes adventives, l'oseille en particulier.

La chaux vive mélangée au terreau composé de
curures de mares, de plantes parasites, les stratifie
et permet de les employer plutôt, sur les prairies
particulièrement; mais il ne faut jamais dépasser
un sixième, car alors l'excès de chaux amènerait
la décomposition des matières organiques.

A l'état de sulfate de chaux (plâtre), elle agit
comme engrais et fournit les éléments calcaires
aux plantes qui en consomment.

Le plâtre du commerce contient 38 °/₀ de chaux,
il faut éviter d'employer le plâtre trop cuit ou
brûlé, il n'a aucune action sur les plantes.

Ses effets sont surtout sensibles sur les trèfles,
luzernes, haricots, vesces et pois; il agit aussi utilement sur les lins et les colzas.

Il ne produit de bons effets que sur les sols
riches et le sel facilite son action. Introduit dans
le sous-sol il rend assimilable une partie de la
potasse insoluble combinée avec l'argile en provo-
quant la décomposition des silicates.

L'excès de plâtre ne présente pas d'inconvénient.

MAGNÉSIE.

On l'emploie sous forme de sulfate de magnésie,
qui contient 34 à 35 °/₀ de cet oxyde.

Bien qu'on trouve la magnésie en combinaison avec d'autres éléments dans les cendres de toutes les plantes, on a négligé jusqu'alors de l'introduire dans les formules d'engrais complets, sous prétexte que toutes les terres en contiennent en quantité suffisante pour subvenir aux besoins des récoltes.

Le fumier de ferme en apporte $1^k,13$ par mètre cube; il est évident qu'en employant des engrais chimiques dont la magnésie serait toujours exclue, nous n'opérons pas la restitution de cet élément, et que tôt ou tard il faudra combler cette lacune.

On s'accorde à dire qu'une quantité de 1,500 kil. de magnésie par hectare est indispensable pour assurer la fertilité du sol.

Alliée à l'ammoniaque et aux sulfates, la magnésie a donné d'excellents résultats sous la dénomination de phosphate ammoniaco-magnésien. Cet engrais a produit sur le blé non seulement un rendement plus considérable à la dose de 150 à 300 kil. à l'hectare, mais encore un accroissement de 4 à 5 % sur le poids spécifique du grain.

Cet engrais est employé en Angleterre pour produire les beaux blés de semence. M. Boussingault avait fait des essais très concluants, nous ne savons pas s'ils ont été renouvelés.

C'est un engrais lent à s'assimiler, son effet se prolonge pendant plusieurs années.

Il faut conclure de tout ceci qu'il est utile de faire faire l'analyse de son sol au point de vue de l'élément magnésien, et s'assurer s'il en contient la quantité indispensable aux besoins des récoltes à l'état assimilable.

SOUDE.

On l'emploie sous forme de sulfate de soude.

La soude se trouve en assez grande quantité dans les cendres de toutes les plantes, mais le sol en est généralement pourvu dans notre contrée, tant par la nature, que par l'emploi de certains engrais qui en apportent plus ou moins.

Le nitrate de soude en contient 36 % à l'état pur.

Il entre dans la composition d'un grand nombre de formules; il en résulte qu'une certaine restitution de soude est faite au sol.

Cependant il n'est pas inutile de citer quelques expériences où la soude joue un rôle très utile.

M. Isidore Pierre rapporte qu'un cultivateur anglais, M. Gidwood, en semant en couverture sur des lignes de fèves, par dessus d'autres engrais, du sulfate de soude à la dose de 188 kil. à l'hectare, a obtenu un excédent de récolte de graines qu'il évalue à 15 hectol. à l'hectare.

Il devrait en être de même pour les vesces récoltées pour graines.

De très beaux résultats ont été également obtenus sur des luzernes et des prairies avec le sulfate de soude à la dose de 250 kil. à l'hectare.

SEL.

Le sel nous a donné d'excellents résultats à la dose de 200 kil. à l'hectare sur prairies, lins, colzas, betteraves et blés.

Mais, comme le dit fort bien M. Morière :

« Pour que le sel opère convenablement, il faut
« qu'il rencontre dans la terre de l'humidité, de
« l'argile, du calcaire, et une certaine quantité de
« débris végétaux et animaux, c'est-à-dire de l'hu-
« mus et du terreau; si ces conditions n'étaient
« pas remplies, on obtiendrait nul effet, on s'ex-
« poserait même à produire des résultats nuisibles.

« Ne mettez jamais de sel dans les terrains
« secs, sablonneux, ni dans les terres non cal-
« caires et trop compactes, vous vous en repen-
« tiriez ».

Il produit de très bons effets mélangé avec la chaux dans les *terreaux* destinés aux herbages.

Mélangé aux engrais, il rend assimilable l'acide phosphorique et la potasse que contient le sol.

Quand on emploie le sel en couverture, il faut le mélanger avec partie égale de plâtre pour engrais.

Il faut éviter de l'employer trop souvent et à trop forte dose; s'il s'en trouvait dans le sol plus de 2 %, il deviendrait complètement stérile.

GUANO DU PÉROU.

Pendant longtemps on s'était servi presque exclusivement, comme engrais complémentaire, du guano du Pérou, dont la composition se rapprochait beaucoup de celle de l'engrais complet, c'est-à-dire du fumier de ferme.

Voici, en effet, d'après les analyses de M. Barral, les éléments utiles de l'ancien guano du Pérou des îles Chinchas.

On trouvait dans 100 kil. :

$4^k,600$ azote ammoniacal.
$6^k,400$ — organique.
4   acide phosphorique assimilable.
9   acide phosphorique insoluble.
2   potasse.
26   chaux.

C'était un excellent engrais.

Mais aujourd'hui, la composition des divers guanos du Pérou varie dans des limites très étendues. Nous en trouvons la preuve dans le compte rendu suivant.

Le comité des porteurs d'obligations péruviennes a reçu de MM. Gibbs and Sons les renseignements suivants :

Les ventes de guano faites depuis le 26 novembre dernier (ces ventes comprennent le chargement de 11 navires) ont produit un surplus de recettes de 25,511 liv. st., soit au change de 25,25 644,152 fr. Les prix ont varié de 5 liv. st. 19, soit 150 fr. les 1,040 kil., à 12 liv. st. 6 s. 4 d., soit 310 fr. 70 les 1,040 kil.

L'analyse des cargaisons a donné pour l'ammoniaque de 2^k,89 à 11^k,37 %. Or le titre de 1.214 ammoniaque correspond à 1 % azote.

Il en résulte qu'aujourd'hui les guanos du Pérou ne contiennent que 2,89 ammoniaque correspondant à 2,38 % d'azote, tant ammoniacal qu'organique, ou 11,37 ammoniaque correspondant à 9,36 azote, et que, sous la même désignation de guano du Pérou, l'acheteur peut payer 31 fr. 10 les 100 kil. une marchandise qui n'en vaut pas 15.

Quelle garantie offrent, dans ces conditions, les concessionnaires du guano du Pérou pour l'Europe et les colonies qui vendent plombé les guanos du Pérou à l'état brut et tel qu'il est importé ? Les anciens gisements sont épuisés, et, comme nous l'avons dit, les nouveaux ont une composition très variable.

Aujourd'hui que le conseil supérieur du commerce s'occupe avec tant de soin de la question de la fraude dans les engrais vendus à l'agriculture, les marchands de guano devraient être forcés comme tout le monde de garantir sur facture le dosage minimum de leur engrais en azote, soit ammoniacal, soit nitrique, soit organique, en acide phosphorique assimilable et soluble dans l'eau ou le citrate à froid et en potasse pure, autrement cet engrais, comme tous ceux de composition variable et indéterminée, devra être exclu de la culture intensive mixte.

SAUMURE.

Dans les environs de Fécamp et des ports de pêche, on se sert avec avantage de saumure de hareng, surtout pour les betteraves fourragères, sur lesquelles elle produit d'excellents effets.

La densité est variable ; elle oscille entre 12° et 25° de l'aréomètre de Baumé. On devrait la vendre au degré et non aux 100 kil. ou au baril.

D'après les analyses de MM. Girardin et Marchand, sa richesse en azote et en acide phosphorique est en raison directe de cette densité, et les cultivateurs ne doivent accepter que celles dont la densité est comprise entre 22 et 25°.

Si au lieu d'aller au loin, un cultivateur veut user de cet engrais, il peut le composer chez lui en tenant compte des proportions des éléments qu'il contient. 10 hectol. de saumure à 22° au pèse-sel contiennent en éléments utiles :

5ᵏ,890 azote.

3ᵏ,855 acide phosphorique.

255 kil. sel.

Donc, en prenant ces données, soit avec les prix extrêmes des éléments :

5ᵏ,890 azote à 2 fr.	11 fr.	80
3ᵏ,855 acide phosphorique à 0 fr. 80.	3	10
255 kil. sel à 3 fr.	7	65
Soit pour 10 hectol. . .	22 fr.	55

Soit 2 fr. 25 l'hectolitre de 100 kil.

On obtient exactement, avec l'engrais chimique suivant, l'équivalent de 10 hectolitres de saumure ne pesant que 310 kil. avec la composition suivante :

30 kil. sulfate d'ammoniaque à 0 fr. 40 le kilog.	12 fr.	»
25 — superphosphate à 15°	3	10
255 — sel à 3 fr.	7	65
	22 fr.	75

Sans usure de voitures et de pertes de temps des domestiques et des chevaux.

Quand on a des saumures à 28°, passe encore, mais à 12°, cela coûte le double de ce qu'elles valent comme engrais.

PHOSPHO-GUANO.

Les Anglais nous envoient, sous le nom de phospho-guano, des produits dont la composition varie à l'infini. Ce n'est ni un engrais complet ni un engrais spécial.

Il ne peut convenir, si bien et si loyalement fabriqué qu'il soit, à la nourriture de toutes les plantes, pas plus qu'un même et unique remède ne saurait être propre à guérir toutes les maladies.

Ceux qui se trouvent bien de l'emploi du phospho-guano peuvent facilement le composer eux-mêmes à très bon marché.

Voici la composition d'un des phospho-guano le plus employé dans nos contrées :

2 °/₀ d'azote?

25 kil. phosphates rendus solubles et assimilables ?

La désignation « azote » dans cette formule est trop vague.

S'il est fourni par le sulfate d'ammoniaque ou le nitrate de soude, il vaut 2 à 3 fr. le kil.

S'il est fourni par le cuir ou les vieilles semelles de bottes pulvérisées, il n'est pas assimilable et ne vaut rien absolument, et cependant la justice n'a rien à y voir, l'engrais contient bien 2 °/₀ d'azote.

Il en est de même de la désignation des phosphates.

Si les 25 kil. de phosphates sont solubles dans le citrate d'ammoniaque à froid, ils valent 12 fr. 50.

Les 25 kil. de phosphates assimilables et solubles dans le citrate à froid produisent $11^k,500$ d'acide phosphorique valant au plus 12 fr. 65. Le mot *rendu soluble* n'est inventé que pour tromper les acheteurs. Mais si, au contraire, dans ces 25 kil. de phosphates, il n'y en a que la moitié de solubles dans le citrate, ils ne produiront que 5 à 6 kil. d'acide phosphorique valant à peine 67 fr.

Ainsi, sous la même désignation de phospho-guano dosant 2 °/₀ d'azote et 25 kil. de phosphates, on a deux produits dont l'un vaut 18 fr. les 100 kil. et l'autre 7 fr. les 100 kil., et le vendeur est à l'abri de toutes poursuites.

DES ENGRAIS VERTS.

CULTURE SIDÉRALE.

L'enfouissage en vert de certaines plantes particulièrement de la famille des légumineuses est évidemment le moyen le plus économique et le plus simple d'améliorer le sol, quand il est pratiqué avec intelligence, comme cela se fait dans certaines contrées de l'Europe.

Ce serait un grand tort de croire que cette opération puisse apporter seule au sol tous les éléments de fertilité nécessaires aux récoltes futures; elle ne peut que lui donner l'azote emprunté à l'atmosphère et lui restituer intégralement ce que ne fait pas le fumier, les matières organiques et les éléments minéraux que les plantes se sont assimilées par le séjour de leurs racines dans les terres arables et ceux que les labours ont fait passer de l'état insoluble à l'état assimilable et soluble.

Avec l'enfouissage des engrais verts, la récolte qui suit trouve à sa disposition une certaine quantité d'azote, pouvant donner pour ainsi dire sans frais des résultats avantageux : mais c'est à la condition expresse d'ajouter à l'engrais vert que l'on renfouit les quantités d'acide phosphorique, de potasse, de magnésie et de chaux au moins ég.les à celles que la récolte à venir doit prélever dans le sol pour arriver à sa complète maturité.

Autrement ce serait prendre sans restituer, c'est-à-dire appauvrir le sol au lieu de l'engraisser. C'est du reste ainsi qu'on procède dans le pays de Caux quand on renfouit les rabettes ; on y met du fumier, il est vrai ; mais comme il est pauvre en acide phosphorique, il serait bon d'y ajouter du superphosphate ou de la poudre d'os , si on veut avoir les éléments complets de fécondité. L'usage de renfouir les récoltes vertes présente incontestablement de grands avantages pour la fumure des pièces de terre éloignées de l'exploitation ou de celles d'un accès difficile ; on peut remplacer le fumier en renfouissant une bonne repousse de trèfle au moment où elle commence à fleurir et en y ajoutant avant l'hiver à l'hectare :

300 kil. superphosphate à 13°	39 fr.	»	
plus au printemps, après un bon			
hersage en couverture :			
50 kil. sulfate d'ammoniaque	23	»	
100 nitrate de soude. . .	32	»	
50 sulfate de magnésie.	10	»	
50 chlorure de potassium	15	»	
50 plâtre.	1	50	
	120 fr. 50		

Le tout bien mélangé au crible et répandu de bonne heure, herser de nouveau, rouler si possible.

Dans ces conditions, on est assuré d'avoir une aussi bonne récolte sinon meilleure qu'avec une fumure de 30,000 kil. de fumier qui, à 6 fr· le mètre, aurait coûté 180 fr. sans les frais de transport. Le sol trouvera dans la décomposition des matières organiques du trèfle renfoui une quantité d'humus au moins égale à celle qui aurait été fournie par le fumier.

Il faut choisir pour opérer le renfouissage en vert des plantes de feuillage large et abondant, telles que la minette, la rabette, le sarrazin, le colza, la moutarde, etc., qui empruntent une grande quantité d'azote à l'atmosphère, dont l'ensemencement est peu coûteux et dont l'apport gratuit en azote est considérable.

L'enfouissage en vert est aussi la ressource du cultivateur *pauvre* sur un terrain *pauvre* en attendant qu'il puisse avoir suffisamment de fumier et d'engrais pour obtenir de bonnes et abondantes récoltes et assez de bestiaux pour les consommer.

Mais il ne faut pas oublier que l'enfouissage doit être fait quand la plante commence à fleurir, car, d'après les tables de restitution de Wolff :

La composition du foin en fleur est de :	Celle du foin très mûr est de :
13.10 d'azote.	» » azote.
4.10 d'acide phosphorique.	2.90 acide phosphorique.
17.10 de potasse.	5 » potasse.
4.70 de soude.	1.90 soude.
7.70 de chaux.	9.50 chaux.
3.30 de magnésie.	2.30 magnésie.

En conséquence, renfouir plutôt trop tôt que trop tard.

FUMIER DE FERME.

Quelles que soient sa constitution et ses propriétés, la terre ne produit des récoltes lucratives qu'autant qu'elle renferme une quantité suffisante de matières organiques, sous un état plus ou moins avancé de décomposition. Il est des terres favorisées dans lesquelles cette matière désignée sous le nom d'humus ou de terreau existe naturellement; d'autres, et c'est le plus grand nombre, en sont totalement privées ou n'en contiennent qu'une quantité insignifiante

« Ces sols exigent, pour devenir fertiles, l'intervention des engrais de ferme, rien ne saurait y suppléer, ni le travail qui les ameublit ni le climat qui aide si puissamment a leur fécondité, ni les sels ni les alcalis, auxiliaires si utiles de la végétation. »

(Boussingault. *Economie rurale).*

Voici la composition normale d'un bon fumier de ferme aux 100 kil. :

	kil.
Azote organique.	4.10
Acide phosphorique.	4.80
Potasse.	1.90
Chaux.	5.60
Acide sulfurique.	2.40
Magnésie..	1.13

C'est donc sans contredit un excellent fertilisant puisqu'il contient tous les éléments utiles à la végétation de toutes les plantes, et le plus avantageux au point de vue économique puisqu'il faut des animaux pour les travaux et les besoins de la ferme et que souvent le lait et l'engraissement du bétail payant la nourriture, ils donnent le fumier à un très bas prix.

Employé seul, il ne fournit pas une restitution complète, puisque la terre se trouve en perte des éléments emportés par la vente des produits et des bestiaux.

Il est, en outre, d'une composition trop variable pour pouvoir permettre d'obtenir des rendements maxima sans essuyer des mécomptes.

Suivant la nourriture donnée aux bestiaux, et aux soins donnés à sa confection, on trouve, d'après les travaux de M. Boussingault (son petit livre sur la fosse à fumier), les variations suivantes :

Eau.	de	58.00 à	83.00
Azote.		0.41	0.82
Acide phosphorique.		0.20	0.72
Potasse		0.09	1.70
Chaux.		0.27	0.92
Magnésie		0.13	0.37
Soude.		0.02	0.09
Acide sulfurique.		0.08	0.23
Oxyde de fer et de manganèse.		0.02	0.40
Silice soluble (assimilable). . .		0.10	0.30

Sable et argile . . . . . . de 0.20 à   4.00
Matières organiques totales. . 11.00   29.00
Matières minérales totales. . . 2.00   11.00

Dans ces conditions, on comprend facilement que dans la culture intensive mixte où on cherche le rendement maximum, le fumier ne doit entrer que pour une part limitée dans la fumure des diverses récoltes dont la composition est si variable, aussi, avons-nous pris pour règle dans nos cultures :

> Pas de fumier seul,
> Pas d'engrais chimiques seuls,

car si la composition du fumier est variable, d'un autre côté l'assimilation de ses divers éléments ne se fait pas d'une manière égale et régulière.

Tandis que ses éléments minéraux, comme la potasse, l'acide phosphorique et la chaux passent facilement à la végétation, son azote organique ne peut s'assimiler que lorsqu'il est passé à l'état de nitrate et ne subit cette transformation que par une combustion lente qui s'opère dans le sol plus ou moins activement, suivant que la température, l'humidité et les labours les facilitent ou les retardent.

Dans les années de sécheresse, une grande partie de son azote reste inerte ; mais dans les années humides où la décomposition des matières organiques s'opère rapidement, l'azote vient en excès et amène la verse ; la récolte est énorme en paille et faible en grain ; quand on l'emploie pour les céréales, les colzas, il faut y joindre 100 à 200 kil. de superphosphate par hectare, mélangé avec le fumier.

Le fumier n'agit pas seulement comme engrais, il aère le sol et y apporte les matières hydrocarbonnées que ne donnent pas les engrais chimiques et que rien ne saurait remplacer.

D'un autre côté, la quantité de fumiers nécessaires à de bonnes récoltes est souvent insuffisante. Ils ne pourront être achetés que par les cultivateurs voisins des villes, car les frais de transport à grande distance en augmentent considérablement le prix.

Le fumier contenant 90 % de matières inertes, ce sont les 10 % d'éléments fertilisants qui doivent supporter le coût de transport des 100 kil. Si on ajoute à cela les frais de déplacement pour aller à la gare la plus voisine, l'usure du matériel, on n'hésitera pas à demander aux engrais chimiques le complément nécessaire pour obtenir un maximum de rendement des récoltes.

Une dernière considération et la plus importante :

Ceux qui n'emploient que du fumier de ferme comme engrais sont tenus de suivre rigoureusement la loi des assolements, qui permet d'utiliser successivement les divers éléments qui le composent ; tandis qu'avec l'emploi bien entendu des engrais chimiques qui donnent une restitution complète et prompte, on reprend la liberté absolue de modifier à son gré les composts de la ferme.

Il faut, autant que possible, enfouir le fumier de la ferme au fur et à mesure qu'il est fait.

Le fumier frais produit, à poids égal, autant d'effet que celui qui a subi une trop longue fermentation, et quand on pousse les choses à l'excès, le fumier arrivé à l'état de beurre noir a perdu la moitié de son poids et une grande partie de son azote.

Loin de méconnaître, comme l'ont fait certains novateurs, l'utilité du fumier dans la culture intensive, nous croyons son emploi indispensable et nous voudrions que le cultivateur pût en apporter à chaque récolte en temps opportun et en quantité limitée.

Pour ceux qui veulent pratiquer avec fruit la culture intensive mixte, c'est-à-dire avec le fumier de ferme et le complément des engrais chimiques spéciaux, il faut porter jusqu'en février celui qu'on destine aux avoines et orges;

Jusqu'en avril pour les fumures de pommes de terre, betteraves fourragères et carottes;

Jusqu'en juin pour les récoltes qui succèdent aux trèfles incarnats hâtifs;

En juillet, août et septembre, pour fumures de colzas et blés; éviter autant que possible de répandre le fumier en couverture.

Nous ne saurions trop le répéter, le fumier seul produit l'humus qui, suivant Thaer, est l'étalon destiné à mesurer la fécondité de la terre. Rappelons-nous ces belles paroles de M. le baron Thénard, aussi savant chimiste que grand cultivateur :

« L'humus est le premier agent du sol, il fournit
« aux plantes la plus grande masse de leur char-
« bon ; il empêche en se l'assimilant l'évaporation
« de l'ammoniaque provenant de la putréfaction
« des matières animales ; dans le sol, suivant les
« belles et incontestables expériences de M. Déhé-
« rain, il fixe d'importantes quantités d'azote qu'il
« emprunte directement à l'air ; à l'instar des
« acides énergiques, il attaque les phosphates et
« les dégage ainsi des roches où sans lui ils reste-
« raient pour ainsi dire inertes ; en raison de sa
« composition chimique et de ses propriétés phy-
« siques, les plantes par les temps de sécheresse
« trouvent en lui d'importantes provisions d'eau,
« il joue tout à la fois au sein du sol le rôle d'agent
« conservateur des éléments utiles et d'agent assi-
« milateur et d'engrais. »

Dans la culture intensive mixte, nous ne saurions trop le répéter, l'emploi du fumier de ferme est indispensable.

CONCLUSION

Avec le concours de ces divers éléments, la fertilité du sol peut être entretenue indéfiniment, à la condition d'opérer une restitution complète de ce que chaque récolte enlève au sol.

Pour bien nous rendre compte des avantages que procure la culture intensive, nous allons prendre pour terme de comparaison la façon d'opérer de deux cultivateurs :

L'un, suivant la méthode de l'ancienne culture, avec l'emploi exclusif du fumier de ferme ; l'autre usant de la culture intensive, avec une fumure mixte de fumier de ferme avec les engrais spéciaux comme complément, pour arriver à un rendement maximum.

Ce que nous allons dire du blé peut s'appliquer aux autres récoltes.

On est généralement d'accord qu'il faut 1,000 kil. de fumier pour produire un hectolitre de blé, grain et paille, et nous allons prendre pour base, comme l'a fait notre Société, une fumure de 30 mètres cubes, de 800 kil., soit 24,000 kil. de fumier pour une production de 25 hectolitres à l'hectare, avec 4,000 kil. de paille.

Dans ces conditions, les frais d'un hectare de blé s'élèvent à. . . . . 584 fr.

En déduisant 4,000 kil. de paille à 4 fr. le quintal 160

Il nous reste. . . . . . . 424 fr.

pour ces 25 hectolitres de blé ; ce qui remet le prix de revient de l'hectolitre de 78 kil. à 17 fr., soit 21 fr. 80 les 100 kil.

L'autre fait de la culture intensive ; il sait que les exigences d'un hectolitre de blé, grain et paille, sont de :

2^k,200 d'azote	soit 11 ^{kos} de sulfate d'ammoniaque . . .	6 fr.	»
0 700 de potasse	— 1 50 de chlorure de potassium . . .	»	35
0 300 de chaux	— 1 » de plâtre	»	»
0 330 de magnésie	— 1 » de sulfate de magnésie	»	20
0 730 d'acide phosphorique.	— 5 » de superphosphate à 15°. .	»	80

7 fr. 35

En ne tenant aucun compte de l'azote fourni par l'atmosphère, nous voyons qu'avec une dépense de 73 fr. 50 on peut augmenter le produit de la récolte de 10 hectol. Le cultivateur élève ses dépenses, mais, en définitive, il diminue son prix de revient :

Frais comme ci-dessus. . . . . . . 584 fr. »

Engrais complémentaires. 73 20

657 fr. 20

A déduire 5,000 kil. de paille à 4 fr. 200 »

Reste . . . . 457 fr. 20

pour 35 hectol. de blé. Ce qui ramène le prix de

revient de 1 hectolitre de 78 kil. à 13 fr., soit 16 fr. 65 les 100 kil.

Qu'une récolte soit forte ou faible, les frais de

loyer	105 fr.	»
d'impôts.	20	»
de semences.	57	50
de labours et hersages, sarclages, etc.	115	»
d'intérêt et d'amortissement	51	50
de récolte, de battage.	55	»
	404 fr.	»

sont les mêmes ; divisés par 25 hectol., ils sont de 16 fr.; divisés par 35 hectol., ils ne sont plus que de 11 fr. 50, soit une différence de 4 fr. 50. C'est cette différence qui constitue le bénéfice ou la perte.

Ces résultats ont été obtenus et dépassés à la ferme expérimentale de Goderville. Grâce au complément d'azote trouvé dans le sous-sol et à celui fourni par l'atmosphère, et dont nous n'avons pas eu à tenir compte, nous avons obtenu souvent 40 et 42 hectolitres à l'hectare.

BLÉ.

La commission de la Société d'Agriculture de l'arrondissement du Havre a établi le compte des frais que nécessite un hectare de blé pour une récolte de 25 hectolitres, avec une fumure de 30 mètres cubes de fumier de 24,000 kil. à 584 fr., comme suit :

Loyer. . . . .   105 fr. »

Impôts   20   »

Labours et hersages   90   »

Semences.   57   50

Intérêts d'un an à 5 %   2   50

Fumier 30 mètres cubes à 6 fr. l'un.   180   »

Intérêts d'un an à 5 %   9   »

Sarclage et échardonnage   25   »

Intérêt et amortissement du capital
et du mobilier   40   »

Récolte et battage   55   »

Total. . . . .   584 fr. »

Culture intensive mixte pratiquée sur la ferme expérimentale de Goderville pendant les années 1880, 1881, 1882, 1883, avec une fumure de 255 fr. par hectare, fumier et engrais chimiques spéciaux et complets.

La récolte de blé a varié de 44 hectol. 50 maximum à 35 minimum ; ces résultats ont été contrôlés par une Commission.

Voici comment nous avons procédé :

Aussitôt que la terre destinée à être ensemencée en blé était débarrassée de la récolte précédente et préparée avec soin, nous semions de la rabette pour être renfouie en vert.

Avant que les feuilles n'aient jauni, nous avons éparti sur ce compost :

20 mètres cubes de bon fumier, soit 1,600 kil. à l'hectare, plus un mélange de :

200 kil. superphosphate à 14° ou mieux encore

la quantité de phosphate précipité fournissant 28°
acide phosphorique assimilable; plus 200 kil. de
tourteau de colza des Indes, dosant 5 % d'azote
organique et 2 % d'acide phosphorique, ou :

100 kil. de sang desséché, dosant 10 à 11 %
d'azote.

Il faut employer le tourteau de préférence dans
les terrains humides.

On peut encore, si le terrain n'est pas riche en
magnésie, compléter cette fumure avec :

50 kil. sulfate de magnésie.

100 — de sel de cuirs, mélangé avec

100 — de sulfate de chaux ;

on fait labourer à grain et on sème le blé comme
d'ordinaire.

Puis au printemps, après avoir donné un léger
hersage, nous épandions en couverture le mélange
suivant, soit :

100 kil. superphosphate d'os à 14°.

80 — chlorure de potassium à 80°.

50 — sulfate d'ammoniaque à 20° d'azote.

50 — nitrate de soude à 15° d'azote.

20 — sulfate de chaux.

300 kil.

puis on donne de nouveau un bon hersage ou on
passe sur le blé un rouleau lourd.

Nous avons regardé un rendement de 40 hectol.
à l'hectare comme un maximum, mais voici qu'en
Allemagne, dans la contrée qui s'étend de Cologne

à Brandebourg, on obtient dans les terres saturées d'acide phosphorique, par la culture de la betterave à sucre à l'engrais mixte, un rendement qui varie de 40 à 53 quintaux, c'est-à-dire de 50 hectolitres de 80 kil., à 66 hectolitres avec le blé Schériff Square Headed, et résistant à la verse avec une fumure mixte à l'hectare de 35 à 40,000 kil. de bon fumier et 500 kil. de superphosphate d'os à 20°.

BLÉ DE PRINTEMPS.

Les frais nécessités par un hectare de blé de printemps ont été fixés, par la commission de la Société d'Agriculture de l'arrondissement du Havre, à 530 fr. par hectare pour une récolte de 25 hectolitres.

Le blé semé en mars ne met guère que quatre ou cinq mois à accomplir sa végétation; il doit, pendant cette courte et sèche période, emprunter au sol de quoi satisfaire à toutes ses exigences qui ne sont pas absolument les mêmes que celles du blé d'hiver.

Il faut donc, si la terre n'a pas été fumée à l'automne, lui fournir un engrais complet d'une prompte assimilation.

Voici la formule que nous avons adoptée :

Azote ammoniacal et nitrique. . . . .   6 %

Acide phosphorique assimilable et soluble dans le citrate à froid.   5

Potasse   6

Soude.   5

Magnésie   3

Chaux.   17

Autres éléments combinés avec les
précédents.   58
_____
    100

A cause des labours de printemps que nécessite cette culture, elle aide à la disparition de l'herbe dite famine, qui envahit certaines terres.

Dosage, 4 à 600 kil. à l'hectare.

Epandage. — On sème d'abord le blé, et, après un premier hersage, on sème l'engrais en ayant soin de ne pas le mettre en contact avec les semences, puis on herse vigoureusement.

AVOINE.

La commission de la Société d'Agriculture pratique de l'arrondissement du Havre a établi comme suit les frais d'un hectare d'avoine pour une récolte de 22 quintaux :

Loyer . . . . 105 fr. »

Impôts. 20   »
_____
A reporier. . . . . . 125 fr. »

4

Report	125	fr.	»
Labours et hersages	110		»
Semences, 4 hect. 1/2 à 12 fr. l'hect.	54		»
Intérêts de 6 mois à 5 %.	1		35
Engrais	120		»
Intérêts de 6 mois à 5 %.	3		»
Sarclage et échardonnage	20		»
Intérêt et amortissement du capital et du mobilier	40		»
Récolte et battage	55		»
Total	528	fr.	35

En déduisant de ce prix de   528 fr. 35

3,250 kil. de paille à 4 fr.   130   »

Il reste . . . .   398 fr. 35

pour 22 quintaux d'avoine.

Ce qui remet le prix à 18 fr. et ne laisse aucun profit au cultivateur. Les labours pour l'avoine doivent être profonds car il résulte des expériences du prince de Salm-Horshmar que lorsque le sol est complètement privé d'alumine, la graine d'avoine ne peut pas se former.

Si l'avoine n'a pas été fumée pendant l'hiver et avant février, pour satisfaire ces exigences, comme elle emprunte presque tout son azote au sol et que tous les éléments de fertilisation doivent être promptement assimilables, nous avons adopté la formule suivante :

Azote nitrique et ammoniacal. . . .   6 %

Acide phosphorique assimilable et soluble dans le citrate à froid.   5

Potasse pure.   10

Chaux.   17

Autres éléments combinés avec les
précédents.   62
                                       —————
                                       100

Dosage. 4 à 600 kil. à l'hectare sans fumier.

Epandage.— Donner un hersage après avoir semé l'avoine, semer l'engrais à la volée, l'enterrer le plus tôt possible après un nouveau hersage.

ORGE.

La commission de la Société d'Agriculture pratique de l'arrondissement du Havre a établi comme pour l'avoine les frais que nécessite un hectare d'orge de 35 quintaux à l'hectare, à 528 fr., à déduire 105 fr. pour les 4,500 kil. de paille à 3 fr. le quintal, reste 423 fr. pour 35 quintaux ou 12 fr. 30 le quintal.

Cette culture est rémunératrice, ses exigences sont différentes de celles de l'avoine et il faut lui donner l'engrais spécial composé comme suit :

Azote ammoniacal et nitrique. . . .   5 %

Acide phosphorique et soluble dans le
citrate à froid   6
               A reporter. . . . .   11 %

Report.	11 %
Potasse	7
Chaux.	17
Autres matières combinées avec les autres éléments	65
	100

Dosage. 4 à 600 kil. à l'hectare, si l'orge n'a pas reçu de fumier avant l'hiver.

Epandage.—Donner un hersage après avoir semé l'orge, épandre ensuite l'engrais à la volée et l'enterrer le plus possible par un nouveau hersage.

SEIGLE.

Cette céréale a de faibles exigences, elle n'est guère cultivée dans le pays de Caux que pour avoir la paille nécessaire à lier les autres récoltes.

Lorsqu'on le peut, il est bon de donner une légère fumure de 8 à 10 mètres à l'hectare; y joindre 200 kil. de superphosphate à 14°.

On cultive aussi le seigle pour le faire pâturer au printemps, en sortant les bestiaux, et pour y faire succéder une récolte de betteraves. Dans ce cas on se trouvera bien de semer de très bonne heure 50 à 80 kil. de nitrate de soude à l'hectare. On hâtera et doublera le pâturage, et il restera une partie de l'engrais azoté pour la récolte suivante.

SARRASIN.

Cette plante a de faibles exigences et n'est généralement pas cultivée pour le grain dans la Seine-Inférieure. Elle est très avide de magnésie puisqu'une récolte de 18 quintaux en absorbe plus de 10 kil., d'après M. Isidore Pierre.

« Le phosphate ammoniaco-magnésien employé sur le sarrasin ordinaire à la dose de 250 à 500 kil. par hectare dans une terre de très médiocre qualité a produit des résultats différentiels très remarquables, la récolte de grain a été plus que sextuplée, la récolte de paille plus que triplée. »

Voici la composition que nous avons adoptée :

Azote nitrique et ammoniacal. . .	4 50	%
Acide phosphorique assimilable et soluble dans le citrate à froid. . . .	5	»
Potasse pure	6	»
Magnésie.	4	»
Soude et chaux.	23	»
Autres éléments combinés avec les précédents	57 50	
	100	»

Dosage. De 4 à 500 kil. à l'hectare.

Epandage. — Après que le grain est semé, donner un hersage, semer l'engrais à la volée et herser de nouveau.

TRÈFLE.

La Société d'Agriculture de l'arrondissement du

Havre a établi comme suit les frais occasionnés par hectare pour une récolte de trèfle :

Loyer	105 fr.	»
Impôts	20	»
Labours et hersages	»	»
Semences, 15 kil. à 2 fr.	30	»
Intérêt de 6 mois à 5 %	»	75
Engrais . . . . ·	100	»
Intérêt de 6 mois à 5 %	2	50
Sarclages et échardonnages . . .	»	»
Intérêt et amortissement du capital et du mobilier	40	»
Récolte, une coupe	60	»
Total des frais pour un hectare.	358 fr.	25

A déduire pâturage de la 2e coupe.

Le trèfle n'est pas, comme on l'a dit, une plante fertilisante ; ainsi que le prouvent ses exigences, elle déplace simplement l'engrais, en le prenant dans le sous-sol avec ses racines profondes, elle l'appauvrit et enrichit la partie supérieure avec les détritus des racines et des feuilles qui restent à la surface.

Le trèfle, prétendent certains théoriciens, emprunte en totalité son azote à l'atmosphère par ses feuilles et aux couches souterraines par ses racines. Cette théorie est contestée, mais en tous cas, dans les conditions ordinaires, il suffit de lui fournir les éléments minéraux dont il est très avide pour obtenir une bonne récolte, et on peut sans inconvénient pour le sol en faire deux récoltes successives en procédant par voie de restitution.

Voici la composition de l'engrais spécial que nous avons adopté :

Acide phosphorique assimilable et soluble dans le citrate à froid.	6 %.
Potasse pure	10
Magnésie	3
Soude.	3
Chaux	20
Autres éléments combinés avec les précédents.	58
	100

Un excellent usage adopté dans notre arrondissement, c'est de joindre aux semis de trèfle violet de 3 à 4 kil. de trèfle hybride par hectare. Ce trèfle talle comme le trèfle blanc et remplit les vides.

Dosage. De 4 à 600 kil. à l'hectare en couverture au printemps.

LUZERNE ET SAINFOIN.

Voici la formule d'engrais spécial que nous avons adoptée :

Acide phosphorique assimilable et soluble dans le citrate à froid. . . . . 4 %

Potasse 12

Chaux. 12

Magnésie 4

Soude. 2

Autres éléments combinés avec les précédents. 60

100

Dans son traité sur la chimie agricole, M. Isidore Pierre nous cite des essais faits avec du sulfate de soude sur la luzerne ; il a obtenu une augmentation de 1,500 kil. de foin en plus par hectare, avec une addition de 250 kil. de sulfate de soude.

Epandage. — Au printemps, aussitôt que les gelées ne sont plus à redouter.

Dosage. 4 à 600 kil. d'engrais spécial à l'hectare.

LIN.

Le prix de revient d'un hectare de lin a été établi comme suit par la Société d'Agriculture de l'arrondissement du Havre à 662 fr. :

Loyer . . . . 105 fr. »

Impôts. . . . . 20 »

A reporter. . . . . 125 fr. »

	Report.	125 fr.	»
Labours et hersages.		110	»
Semences.		100	»
Intérêt de 6 mois 5 %.		2	50
Engrais		175	»
Intérêt de 6 mois à 5 %.		4	50
Sarclages.		45	»
Intérêt et amortissement du capital et du mobilier.		40	»
Récolte.		60	»
		662 fr.	»

Il reste à ajouter les prix de rouissage et de teillage pour que cette récolte puisse être utilement employée et connaître le prix de revient définitif. Le lin passe pour une culture épuisante. C'est une plante, il est vrai, dont toute la production est exportée, dont il ne reste rien dans les fumiers, elle exige une entière restitution de tous les éléments par l'engrais chimique complet ; mais comme elle absorbe peu d'azote, elle se compose d'éléments peu coûteux.

Le lin, semé en mars, est récolté au plus tard en juillet. Il ne met que quatre à cinq mois pour accomplir la période de sa végétation ; il est donc nécessaire de lui fournir des engrais d'une prompte assimilation.

Le fumier frais ne convient pas au lin, dans les années humides où la désorganisation, en matières organiques, produit une trop grande quantité d'azote pour les besoins de la plante ; il amène la

verse et fait pousser le bois aux dépens de la filasse. Il convient de réserver le fumier pour la
récolte qui succède au lin qui ne peut produire de
belle et bonne filasse que par l'engrais chimique
spécial complet seul.

Des expériences très curieuses ont été faites en
Belgique sur la culture du lin avec l'engrais spécial complet.

Aux environs de Gand, on a semé du lin sept
années de suite sur la même pièce de terre sans
qu'on ait constaté de diminution dans la quantité
et la qualité des produits. Les lins faits avec l'engrais chimique étaient supérieurs comme filasse à
ceux faits avec le fumier et se vendaient 1 fr. 50
de plus par 6 livres que ceux fumés avec les tourteaux et le fumier.

La potasse et l'azote de l'engrais chimique
doivent être fournis par le nitrate de potasse, les
superphosphates d'os doivent être seuls employés
pour fournir l'acide phosphorique.

Cet engrais spécial manifeste sa puissance par
une végétation vigoureuse qui met la plante à
même de se défendre contre les ravages des insectes.

La récolte des lins s'exportant tout entière, si
on n'opère pas, comme nous l'avons dit, une restitution complète des éléments enlevés au sol, la
terre qui en est privée donne de faibles rendements
en filasse et en graine.

Cette culture doit être encouragée; elle seule,
aujourd'hui, nous permettra de conserver quelques

ouvriers dans nos campagnes, et d'arrêter l'émigration effrayante qui nous menace.

La culture du lin à l'engrais chimique spécial, bien que les prix actuels ne soient pas rémunérateurs, est possible, puisque nous pouvons obtenir une filasse plus fine, plus forte et mieux appropriée aux besoins de la filature.

Que chaque cultivateur intelligent en fasse un hectare ou même un demi-hectare, qu'il le sarcle et le récolte avec soin, qu'il surveille le rouissage et le teillage de façon à tirer tout le parti possible de cette recolte, et, même avec des prix bas, il y trouvera plus d'avantages qu'avec le colza, dont la culture tend à disparaître devant la concurrence étrangère.

Tandis que la terre épuisée ne nous donne que des lins faibles et pour ainsi dire sans valeur, on récolte dans certains pays où le sol est abondamment fourni de potasse, d'acide phosphorique et de magnésie, des lins qui, bien soignés, pourraient lutter sans trop de désavantage contre ceux des départements du nord de la France.

Voici la formule usitée en Belgique et qui a permis de cultiver le lin sept années de suite sur la même pièce de terre sans diminution de quantité et de qualité ; c'est celle que nous avons adoptée :

Azote nitrique.	3 °/₀
Acide phosphorique et assimilable. .	6
Potasse	11
A reporter.	20 °/₀

Report	20	%
Magnésie	3	
Chaux.	15	
Autres éléments combinés avec les précédents.	62	
	100	

Dans les terres anciennement et largement fumées où l'azote est généralement en quantité suffisante, on obtient d'excellents résultats avec l'engrais spécial incomplet composé comme suit :

Acide phosphorique assimilable et soluble dans le citrate à froid.	6	%
Potasse.	6	
Magnésie.	3	
Chaux	12	

Cet engrais convient surtout pour les lins semés dans les herbages rompus et doit être mis de très bonne heure.

Epandage.— Le lin ayant une racine profonde, l'engrais doit être épandu en deux fois, deux tiers mélangés au sol avec les labours et un tiers en couverture quand le lin est semé et hersé. Donner un dernier hersage pour unifier la distribution de l'engrais et passer le rouleau.

COLZA.

Pépinières. — La pépinière de colza absorbe

120 kil. d'azote à l'hectare et, comme elle reste peu de temps en terre, il suffit, pour aider sa courte et active végétation, de compléter ce qu'elle prend à l'atmosphère.

Une quantité de 250 kil. de sulfate d'ammoniaque par hectare suffit à ses besoins.

Epandage. — Il faut semer le sulfate d'ammoniaque sur la terre légèrement hersée, l'enfouir par un hersage énergique et ne pas mettre la graine en contact avec l'engrais. Pour faciliter l'épandage, on peut mélanger le sulfate d'ammoniaque avec du plâtre.

Un hectare de bonne pépinière peut suffire au repiquage de 5 hectares de colza, et revient au cultivateur à 265 fr. environ, en comptant l'engrais à 110 fr., c'est donc une somme de 53 fr. qu'il faut compter pour planter un hectare de colza.

La Société d'Agriculture de l'arrondissement du Havre a établi les frais d'une récolte de colza à 621 fr. 50, comme suit :

Loyer.	105 fr.	»
Impôts	20	»
Labours, hersage et sarclages.	130	»
Semences.	53	»
Intérêts d'un an 5 %.	3	50
Engrais.	200	»
Intérêts d'un an 5 %.	10	»
Intérêt et amortissement du capital et du mobilier.	40	»
Récolte et battage.	60	»
Total des frais pour un hectare.	621 fr. 50	

pour une récolte de 18 quintaux, ce qui remet le prix de revient à 33 fr. les 100 kil.

L'engrais complet pour le colza doit être mis en deux fois comme pour le blé.

La première fois en automne, en mélange avec le fumier.

Comme le colza met sept à huit mois à parcourir la période de sa végétation, nous avons adopté l'azote organique dans la composition de l'engrais complet qui sert à cette première fumure.

Le colza a de larges feuilles et des racines profondes, il emprunte une grande partie de son azote à l'atmosphère et au sous-sol.

Bien que cette plante soit avide d'azote, puisqu'une récolte de 30 hectolitres en absorbe 85 kil., elle n'aime pas à en trouver beaucoup dans le sol, l'excès de fumier frais lui paraît contraire.

Au printemps, suivant l'état de la végétation, on complète la dose d'azote par un épandage de nitrate de soude variant de 50 à 150 kil. à l'hectare, il faut le faire au commencement de mars, avant de ratisser, et attendre que ce sel soit dissous avant de faire les mottes. Dans les fermes éloignées de la mer, il est bon de répandre avec le fumier et l'engrais spécial 200 kil. de sel dénaturé à l'hectare.

La culture du colza est épuisante, en ce sens que toute la récolte est exportée; il faut faire au sol la restitution complète des éléments minéraux enlevés par l'exportation.

Les siliques de colza doivent être conservées pour deux raisons :

La première, c'est qu'elles fournissent avec les racines hachées une bonne nourriture pour les bestiaux;

La seconde, c'est qu'elles contiennent les deux tiers de la potasse enlevée au sol par la récolte.

Pour satisfaire aux exigences de cette plante, nous avons adopté la formule suivante pour l'engrais spécial complet, à mettre à l'automne :

Acide organique et nitrique	6 %
Acide phosphorique assimilable et soluble au citrate à froid.	5
Potasse	7
Chaux et soude.	20
Autres éléments combinés avec les précédents	62
	100

Dosages suivant l'état de fertilité du sol.
Epandage, en deux fois.

BETTERAVES FOURRAGÈRES ET CAROTTES.

La commission de la Société d'Agriculture de l'arrondissement du Havre a établi comme suit les frais d'une récolte de betteraves de 40,000 kil. à l'hectare :

Loyer.	105 fr.	»
Impôts	20	»
A reporter.	125 fr.	»

Report.	125 fr.	»
Labours et hersages.	110	»
Semences.	20	›
Intérêts de 6 mois 5 %.	»	50
Engrais, 30,000 kil. de fumier à 10 f.	300	›
Intérêts de 6 mois 5 %.	7	50
Sarclages	50	›
Intérêt et amortissement du capital et du mobilier	40	›
Frais de récolte.	100	»
	753 fr.	»

A ces conditions, les 1,000 kil. de betteraves reviennent à 19 fr. environ. C'est un prix trop élevé.

Pour une récolte de betteraves fourragères l'excès du fumier n'est pas à craindre, on peut aller jusqu'à 50,000 kil. si on veut la faire suivre d'une récolte de céréales. Le fumier doit être renfoui en février au plus tard et il faut contrebalancer l'excès d'azote du fumier par une large addition d'engrais minéraux ; mais en tout cas il faut ajouter à une fumure de 30,000 kil., 5 à 600 kil. d'engrais chimique spécial complet pour avoir un rendement rémunérateur dépassant 100,000 kil. Dans ces conditions une forte partie d'humus sera formée au printemps, elle garantira au sol l'humidité nécessaire pour lutter contre la sécheresse qui est une des causes les plus préjudiciables au succès d'une grande production.

Pour bien réussir il faut que l'engrais soit réparti

dans toute la profondeur de la couche et enterré à la charrue.

Voici la formule que nous avons adoptée :

Azote nitrique et ammoniacal	6.50
Acide phosphorique assimilable et soluble dans le citrate à froid	5
Potasse et soude'.	10
Chaux.	15
Autres éléments combinés avec les précédents	63.50
	100

Une adjonction de 200 kil. de sel de cuirs mélangé à 100 kil. de plâtre nous a bien réussi.

Bien que le nitrate de soude convienne mieux à la culture de la betterave que le sulfate d'ammoniaque, puisqu'il apporte la soude dont cette plante est très avide, il ne faut pas l'employer seul en trop grande quantité.

On cite certains cas d'accidents produits par une nourriture trop chargée de nitrate de soude et employée à dose exagérée sans être accompagnée de quantités suffisantes de phosphates qui en assurent l'assimilation.

On néglige trop souvent de pratiquer le sarclage des betteraves avec assez de soins et assez tôt. On ne réfléchit pas que les mauvaises herbes s'emparent de l'acide carbonique nécessaire à la végétation de la jeune plante et des principes minéraux et azotés qui en assurent le prompt développement.

Ce retard causé par la négligence et l'avarice de certains cultivateurs a une grande influence sur la production et ne se répare jamais.

Pour qu'une plantation de betteraves soit dans de bonnes conditions, quand on veut obtenir un maximum, il faut compter 60,000 racines à l'hectare.

Chaque cultivateur peut se rendre facilement compte et à peu de frais de l'influence des engrais sur la production.

Voici un moyen bien simple.

Il suffit de former au milieu de la pièce de terre quatre carrés de chacun 10 mètres de côté, soit 100 mètres carrés ou la centième partie d'un hectare.

Dans le premier il ne mettra pas d'engrais;

Dans le second il en répartira pour 1 fr., soit 100 fr. à l'hectare;

Dans le troisième il en répartira pour 2 fr., soit 200 fr. à l'hectare;

Dans le quatrième il en répartira pour 3 fr., soit 300 fr. à l'hectare.

Il aura dans chaque carré 60 betteraves, le poids obtenu lui donnera l'indication de la puissance de l'engrais chimique et des engrais qu'il procure.

Dosage, sans fumure, 1,000 kil. à l'hectare.

Epandage. — Moitié sur le premier labour, moitié sur le dernier.

BETTERAVES A SUCRE.

Le prix de revient d'un hectare de betteraves à sucre peut être également estimé à 753 fr.

Nous ne sommes plus en présence d'une récolte où la quantité seule doit être recherchée, il faut surtout pour la betterave à sucre s'efforcer de donner à la plante la plus grande richesse saccharine possible. Ce résultat dépend également :

1° De la température ;

2° De la composition primitive du sol ;

3° Des éléments à introduire dans les engrais ;

4° De la culture ;

5° Du choix des meilleures variétés de graines.

Nous ne pouvons rien contre la température, mais la composition primitive du sol peut être modifiée par la culture et les engrais.

Quant à la graine, les Allemands eux-mêmes viennent chercher en France des semences de premier choix.

La modification qui vient d'être apportée à la législation de l'impôt pour l'industrie sucrière nous force à jeter les yeux sur ce qui se passe en Allemagne et à engager nos cultivateurs à rechercher tous les moyens possibles d'augmenter la richesse saccharine de la betterave avant tout.

Sans entrer dans de longues discussions que cette question comporte, nous allons donner les procédés qui ont le mieux réussi dans les expériences faites avec soin en France, en Allemagne et en Autriche par les hommes les plus compétents sur cette matière.

En tout cas, pour obtenir une betterave très riche en sucre l'emploi du fumier doit être rigoureusement interdit.

Expériences de la Société des Agriculteurs du Nord.

Sur une terre labourée profondément en novembre 1880, on a donné au printemps plusieurs hersages énergiques avant l'ensemencement; cette terre fumée avec les engrais suivants à l'hectare :

1,100 kil. tourteaux d'arachides dosant 7.58 azote épandus le 20 mars 1881, 400 kil. superphosphate de chaux assimilable soluble, titrant 16° d'acide phosphorique épandus le 20 avril, 360 kil. sulfate d'ammoniaque contenant 20.23 d'azote et épandus le même jour. Betteraves semées 1er et 5 mai ; le rendement a été en poids par hectare de 59,000 kil.

Sucre pour cent du poids de la betterave, 12.57 %.

Matière sucrée à l'hectare, 7,409 kil.

Avec la législation nouvelle, les cultivateurs qui font de la betterave à sucre doivent changer leur mode de culture, car, tandis qu'en Allemagne 1,000 kil. de betteraves suffisent pour obtenir 100 kil. de sucre, il en faut en France plus de 1,600 kil. pour arriver au même résultat ; le fabricant allemand obtient en sucre tout près de 13 % du poids de la betterave, plus du double du fabri-

cant français ; on arrive à ce résultat à une condition expresse :

C'est de proscrire rigoureusement, comme nous
l'avons déjà dit, l'emploi du fumier pour la betterave. Sa transformation en nitrate se fait tardive-
ment et presque toujours au moment où la racine
va mûrir et où le sucre se forme ; avec le fumier, les
feuilles repoussent et le sucre disparaît.

Cette importante question, d'une grande actua-
lité, a attiré l'attention des bons esprits et déjà
plusieurs rapports ont été publiés à ce sujet ; il en
résulte que la plupart du temps on fait succéder
la récolte de betteraves à une céréale faite au
fumier, on sème de préférence le blé Schériff
square headed à une seule tige et peu sujet à la
verse, on emploie à l'hectare :

Semences, 250 kil. ; fumier, 35,000 kil. et 500 kil.
de superphosphate d'os à 20°. — Cette fumure
laisse dans le sol une certaine quantité d'humus et
d'acide phosphorique qui sont fort utiles à la récolte qui suit et qui réussit avec la fumure suivante :

400 kil. superphosphate à 20°.
200 à 300 kil. de nitrate de soude à 15° 1/2.

Ce qui représente 80 kil. d'acide phosphorique
et 31 ou 46 kil. d'azote nitrique. Il est bon d'ob-
server que la terre est déjà saturée d'acide phosphorique assimilable par ce qui est resté de la
récolte de blé. Il est du reste de règle absolue que

pour obtenir une richesse maximum, la plante doit absorber 2 kil. d'acide phosphorique pour 1 kil. d'azote.

Il ne faut jamais dépasser 45 kil. d'azote à l'hectare.

Il résulte des expériences de M. Pétermann, le savant et pratique directeur du laboratoire de Gembloux, que les engrais destinés aux betteraves pour donner les meilleurs résultats doivent être répartis dans toute l'épaisseur de la couche arable de 25 centimètres environ.

Pour obtenir un bon rendement en matière saccharine, les betteraves doivent être plantées pressées. La distance recommandée ne doit pas dépasser $0^m,22$ sur les lignes espacées de $0^m,42$; à ces conditions réunies d'engrais et de culture, elles doivent donner à l'hectare un rendement de 40,000 kil. de racines riches à 13 °/₀ de sucre de tous jets et valant pour le fabricant de 28 à 30 fr. les 1,000 kil. Ce rendement est celui des meilleures terres.

Afin de nous conformer à ces règles, nous avons adopté la formule suivante pour l'engrais spécial complet, pour les betteraves à sucre succédant à une récolte de blé au fumier :

Azote nitrique. 4.00
Acide phosphorique assimilable et soluble dans le citrate à froid 8.50
Chaux et autres éléments combinés avec les précédents. 77.50

                                         90.00

Dosage, 1,000 kil. à l'hectare.

Epandage. — Renfouir dans la couche arable le plus également possible.

POMMES DE TERRE.

La commission de la Société d'Agriculture de l'arrondissement du Havre a établi comme suit par hectare les frais de culture à 687 fr.

Loyer	105 fr.	»
Impôts.	20	»
Labours et hersages.	110	»
Semences.	125	»
Intérêts de 6 mois à 5 %.	3	»
Engrais, 26^m,50 de fumier à 6 fr. .	160	»
Intérêt de 4 mois à 5 %.	5	»
Sarclages et échardonnages. . .	30	»
Intérêt et amortissement du capital et du mobilier.	40	»
Récolte.	90	»
Total des frais à l'hectare. . .	688 fr.	»

Pour obtenir une récolte de 24,000 kil. à l'hectare, nous avions porté les frais d'engrais à 300 fr., il faut donc ajouter à ce chiffre. . . . . 140 fr. »

Soit. . . . 828 fr. »

Sans fumier, il faut compter dépenser comme fumure d'un hectare 1,000 kil. d'engrais chimique spécial et complet pour obtenir un rendement maximum plus de 100 kil. de sel dénaturé et 200 kil. de plâtre.

Depuis quelques années la maladie des pommes de terre a perdu de son intensité et à l'aide de nouvelles espèces et d'engrais riches en potasse, en acide phosphorique et en magnésie, on retrouve les beaux rendements du temps passé et en beaucoup de circonstances une récolte de tubercules parfaitement sains.

Tous les sols sont propres à la culture de la pomme de terre pourvu qu'ils soient ou qu'ils aient été rendus meubles et perméables ; dans beaucoup de nos terres l'argile fraîche est trop près et l'eau séjourne dans le sol dans les années humides. Pour remédier autant que possible à ces inconvénients, quelques cultivateurs ont planté la pomme de terre sur mottes et s'en sont bien trouvés.

La culture de la pomme de terre réussit dans les années sèches, sur une légère fumure avec addition d'engrais chimiques, complets et spéciaux, dans lesquels la potasse domine.

Mais dans les années humides avec l'assimilation capricieuse de l'azote du fumier, l'excès se produit et c'est alors que la maladie fait ses plus grands ravages.

Nous avons adopté comme formule de l'engrais spécial complet le dosage suivant comme engrais complémentaire des fumiers :

Azote nitrique. . . . . 3 %

Acide phosphorique assimilable et soluble dans le citrate à froid. 5

Potasse 12

Magnésie 3

Chaux. 12

Autres éléments combinés avec les
précédents. 65

                                        ——
                                        100

Lorsque les pommes de terre ne sont pas d'un prix élevé, il vaut mieux planter les tubercules entiers ; quand on les coupe en deux, il faut avoir soin de mettre la partie coupée contre terre, dans ce cas les yeux se développent mieux et plus vite que s'ils étaient placés en dessous.

Bien des remèdes contre la maladie des pommes de terre ont été essayés; aucun jusque alors n'a donné de résultats complètement satisfaisants.

Dans une expérience qui mérite d'être renouvelée, Justus Liébig, à Munich, en 1863, avait obtenu une récolte de tubercules parfaitement sains avec le mélange au sol de l'engrais suivant à l'hectare :

60 kil. de sulfate de soude,
25   phosphate de potasse.
50   de sulfate de chaux.

Toutes celles des terres voisines sans engrais ou avec fumier étaient atteintes par la maladie; on est en droit d'en conclure que c'est à l'absence des sels potassiques que sont dues la dégénérescence des espèces et la maladie qui a causé tant de ravages il y a quelques années.

Il ne faut planter que des pommes de terre très saines, comme celles cultivées à l'engrais chimique, et éviter les semences anémiques et dégénérées comme la plupart des vieilles espèces.

Sans fumier, avec 1,000 kil. d'engrais chimiques nous avons eu de très beaux rendements et des tubercules sains avec les espèces suivantes :

Belle de Vincennes.

Belle de Fontenay ;

Russe, très productive, excellente, hâtive, très cultivée dans les environs du Havre ;

Early rose ;

Magnum Bonum.

Epandage. — Il faut placer l'engrais chimique le plus près possible des tubercules ; pour cela on le répandra au fond des sillons tracés par la charrue ou à la houe. On le remue ensuite avec la fourche à trois dents pour bien le mélanger au sol. A la rigueur, on peut placer le tubercule sur *l'engrais bien mélangé*.

Comme supplément au fumier, pour avoir une récolte complète, il ne faut pas mettre moins de 500 kil. à l'hectare ; les terres sablonneuses ne semblent pas propres à la culture des pommes de terre avec l'engrais chimique seul.

PRAIRIES ARTIFICIELLES.

Un préjugé généralement admis, c'est qu'il est inutile de fumer les prairies qu'on ne fauche pas et qui sont constamment pâturées par les bestiaux.

Cela est peut-être vrai pour les herbages plantureux du Calvados qui contiennent sur 100 parties de terre sèche jusqu'à :

Azote	acide phosphorique	chaux	magnésie	potasse
$0^k,158$	$1^k,032$	$14^k,669$	$0^k,430$	$0^k,281$

Mais non pour ceux de la Seine-Inférieure qui ne contiennent des mêmes éléments que :

Azote	acide phosphorique	chaux	magnésie	potasse
$0^k,301$	$0^k,386$	$1^k,423$	$0^k,347$	0^k394

Ce qui frappe au premier abord dans ce tableau, c'est que nos terres du pays de Caux ont besoin d'un énorme appoint d'acide phosphorique pour faire d'excellents pâturages.

Avec le système actuel, loin d'en ajouter, nous en enlevons chaque jour par l'exportation des bestiaux et des produits de toutes sortes.

Chaque bœuf qui pâture dans un herbage huit mois de l'année depuis sa naissance jusqu'à ce qu'il soit livré au boucher, enlève pour arriver à sa croissance et à son engraissement une certaine quantité d'azote qui est le principe constitutif de la viande et de l'acide phosphorique qui est le principe constitutif des os.

Les vaches laitières enlèvent également une forte quantité de ces éléments qui sont les principes constitutifs du lait.

Dans la ferme une grande partie des produits est consommée sur place, mais dans les herbages, outre que les déjections exposées à l'air laissent évaporer une partie des éléments fertilisants, le sol se trouve créancier de ce que la viande, les os et le lait ont enlevé.

La culture des herbages qui n'est pas régie par la loi d'une restitution complète roule dans un cercle vicieux ; au fur et à mesure que le sol s'appauvrit par l'exportation, il ne fournit plus qu'imparfaitement les éléments nécessaires à la formation de la viande, des os et de la richesse du lait. On dit mon herbage est usé, la mousse remplace l'herbe, il faut le refaire.

Ainsi s'explique la dégénérescence de nos races et la pauvreté de notre lait pour la fabrication des beurres et des fromages.

Avec des engrais chimiques bien combinés, suivant qu'on veut obtenir des herbes à faucher ou à pâturer, on peut modifier la constitution du sol et obtenir pour ainsi dire les résultats qu'on désire.

Pour avoir une grande quantité de foin à faucher. il faut composer l'engrais chimique spécial et complet de la manière suivante :

5 » % azote nitrique et ammoniacal.

5 » acide phosphorique assimilable et soluble dans le citrate à froid.

7.50 potasse.

1.50 magnésie.

7 » soude.

20 » chaux.

54 » autres éléments combinés avec les précédents.

100

PRAIRIES POUR L'ÉLEVAGE DU CHEVAL.

L'herbe doit être riche en acide phosphorique, en chaux et en magnésie. Les qualités du cheval dépendent en grande partie de la composition de l'herbage.

C'est pour satisfaire ces conditions que nous avons adopté la formule suivante :

3 % azote nitrique.

1 azote ammoniacal.

6 acide phosphorique assimilable et soluble dans le citrate à froid.

5 potasse.

5 soude.

3 magnésie.

12 chaux.

65 autres éléments combinés avec les précédents.

100

Un grand nombre de bons éleveurs ont cherché à introduire dans l'alimentation de leurs poulains une certaine quantité de phosphate de chaux pour augmenter le volume et la solidité de la charpente osseuse.

Voilà ce que dit à ce sujet M. A. Meslay :

« Personne n'ignore les principales raisons qui « empêchent une très grande partie des départe- « ments de France de produire, je ne dirai pas des « chevaux de trait, mais même des chevaux « d'armes, propres à remonter la cavalerie de la « ligne ou l'artillerie. Dans beaucoup de ces dé- « partements les membres restent grêles, la crois- « sance reste en chemin, si je puis m'exprimer « ainsi. L'une des principales causes est sans con- « tredit le manque presque absolu de phosphate « de chaux dans les terres, dans les herbages et « dans les plantes qui servent à la nourriture des « animaux.

« Ceci est tellement vrai que, même dans l'es- « pèce bovine, des races qui ont la réputation de « s'assimiler le plus facilement les principes nu- « tritifs des aliments, fourrages ou grains, comme « par exemple la race Durham dans certains dé- « partements, ces races et beaucoup d'autres « restent avec un squelette trop petit, trop exigu, « sans amplitude et sans puissance, tout en con- « servant d'autres principales qualités, précocité, « forme et aptitudes remarquables à prendre la « graisse. Il y a même certaines régions où l'on « a dû même renoncer à élever le Durham pur à « cause de cela.

« L'acide phosphorique combiné, sous forme de
« phosphate, avec la chaux et la potasse, sont des
« facteurs essentiels de l'os. Les phosphates se re-
« trouvent partout dans la nature, dans les terres,
« dans les engrais, dans les récoltes, dans les vé-
« gétaux qui les communiquent aux animaux,
« mais ils ne s'y rencontrent pas toujours en même
« quantité suffisante. Les terres très calcaires
« donnent de très gros os aux poulains qui y sont
« élevés ; je prendrai comme exemple le Perche,
« qui donne les membres si merveilleusement
« puissants du cheval percheron.

« Dans les terres dépourvues de phosphates, au
« contraire, les plantes ne s'en saturent pas et les
« membres des poulains restent grêles et trop lé-
« gers ; arrivés à toute leur croissance, les che-
« vaux présentent souvent l'aspect décousu. »

PRAIRIES D'ENGRAISSEMENT POUR LA RACE BOVINE.

L'engrais spécial complet pour les herbages doit
être composé de matières organiques azotées pour
fournir abondamment vite une herbe riche en matières protéiques propres à la formation du sang,
de la viande et des éléments plastiques.

Voici la formule que nous avons adoptée :

3 % azote nitrique.

2   azote ammoniacal.

5   acide phosphorique assimilable et soluble dans le citrate à froid.

3   potasse.

7   soude.

20   chaux.

60   autres éléments combinés avec les précédents.

_____

100

PRAIRIES POUR LA PRODUCTION DU LAIT.

Le lait se compose d'azote, d'acide phosphorique, de potasse.

L'engrais spécial pour obtenir un bon herbage pour le lait se compose de :

5 % azote ammoniacal, nitrique et organique.

6   acide phosphorique.

3   potasse.

16   chaux et magnésie.

70   autres éléments combinés avec les précédents.

_____

100

Engrais spécial et complet pour la production du beurre.

Il faut une herbe riche en matières minérales

et en matières grasses pour obtenir qualité et quantité.

1 % Azote nitrique.

1 Azote ammoniacal.

6 Acide phosphorique assimilable et soluble dans le citrate à froid.

5 Potasse.

2 Soude.

12 Chaux.

73 Autres éléments combinés avec les précédents.

_____

100

HERBAGES POUR LA PRODUCTION DU FROMAGE.

Pour la production du fromage il faut dévelop-
per la production des légumineuses.

Voici la formule que nous avons adoptée :

2 % Azote nitrique.

8 Acide phosphorique assimilable et soluble dans le citrate à froid.

6.50 Potasse.

13 Chaux et magnésie.

70.50 Autres éléments combinés avec les précédents.

_____

100

Tous les engrais doivent être semés le plus tôt
possible, avant la fin de mars, et on doit y joindre

6

autant que possible 100 kil. de sel dénaturé et 100 à 200 kil. de plâtre à l'hectare.

L'azote de l'engrais des prairies se combine à la longue avec l'humus du sous-sol et devient insoluble ; pour en tirer parti il faut, dans les vieux herbages, épandre à l'automne 1,000 à 2,000 kil. de chaux à l'hectare et herser énergiquement.

Il suffira alors pour avoir une bonne récolte d'herbe de mettre au printemps du superphosphate de chaux et de chlorure de potassium en couverture et on aura ainsi à peu de frais une bonne récolte d'herbe.

Si l'on s'apercevait que les trèfles et les légumineuses disparaissaient de l'herbage, il faudrait augmenter la proportion de potasse dans les termes de la formule.

La qualité des fourrages ne dépend pas seulement de la qualité des engrais, de la composition du sol, elle est due en partie à l'époque où l'on coupe les herbages, il ne faut pas attendre qu'ils aient passé fleur et qu'ils soient en grain pour les récolter.

N.B.— En mélangeant 30 parties de suie avec 10 parties de sel de cuirs, on opère dans les prés la destruction des mousses, joncs, roseaux et autres mauvaises herbes, à la dose de 30 hectolitres de suie et 10 hectolitres de sel par hectare ; il faut profiter d'un temps calme et pluvieux pour faire l'épandage.

DES PRAIRIES TEMPORAIRES.

Les prairies temporaires sont le corollaire obligé de la culture intensive mixte, quand on veut produire le blé à bon marché.

En effet, pendant que la plupart des récoltes et en particulier celles des céréales enlèvent au sol une quantité considérable de matières azotées, les prairies les amassent dans le sol et les restituent quand elles sont retournées au bout de quatre ans.

Lorsqu'elles sont remises en culture par le défrichement il suffit d'équilibrer l'excès d'azote qu'elles fournissent par des engrais minéraux.

D'après les analyses que nous avons fournies, une récolte de 40 hectolitres de blé n'enlève au sol que :

28 kil. d'acide phosphorique à 1 fr. »	= 28 fr.	»	
12 — de chaux . . . . . à »	02 =	0	25
13 kil. 300 de magnésie. . à »	04 =	5	50
28 — de potasse . . . . . à 0	50 =	14	»

$$\overline{\qquad 47 \text{ fr. } 75}$$

Soit 1 fr. 20 de dépense pour obtenir un hectolitre de blé.

Dans ces conditions, on peut produire le blé à très bas prix.

Les prairies temporaires doivent entrer pour un quart dans l'assolement, elles coûtent peu à ensemencer.

POMMIERS ET VERGERS.

La plantation des vergers et l'entretien des pommiers a depuis quelques années attiré l'attention générale et tout promet un grand avenir à cette branche de l'industrie agricole.

Dans ces conditions, il est important de fixer des règles pour obtenir les meilleurs résultats, non seulement comme quantité, mais aussi comme qualité des produits obtenus. MM. de Boutteville et Hauchecorne ont publié un remarquable ouvrage (1) qui permet aux cultivateurs et aux propriétaires de bien choisir les bonnes variétés; mais cela ne suffit pas, il faut encore que chaque espèce trouve dans la constitution du sol les aliments qui lui conviennent; les phosphates jouent un grand rôle dans la production du sucre dans les fruits.

Pour obtenir une certaine régularité dans les récoltes de pommes, il faut partager les plantations en 3 parties égales : fruits précoces, fruits demi-hâtifs, fruits tardifs. La floraison de chacune de ces variétés ayant lieu à des époques diverses, on peut espérer avoir, dans des influences climatologiques différentes, des chances qui permettent d'avoir des fruits presque tous les ans.

Voici, d'après M. Hauchecorne, dont la compétence en matière de fruits à cidre est bien notoire,

(1) *Le Cidre*, Léon Deshays, éditeur, à Rouen.

les espèces les plus recommandables et les époques de leur maturité :

« Fruits à cidre, maturité octobre :

« Docteur Blanche, jus amer, sucre alcoolisable, 18 à 21 %. Tannin, $0^{gr},37$ %, floraison deuxième quinzaine de mai.

« Jaune pointu, jus doux, sucre alcoolisable, 16 à 18 %. Tannin, $0^{gr},55$ %, floraison deuxième quinzaine d'avril.

« Saint-Laurent, jus doux, très coloré, parfait et excellent, sucre 18 %. Tannin, $0^{gr},55$ %, floraison première quinzaine de mai, arbre très fertile.

« Vagnon Legrand, fruit petit, jus doux-amer, extra coloré, 16 à 18 %. Tannin, $0^{gr},58$ %, floraison première quinzaine de mai.

« Maturité, novembre :

« Argile nouvelle, jus doux très parfumé, sucre, 17 à 21 %. Tannin, $0^{gr},27$ %, floraison fin avril, arbre très fertile.

« Martin Fessard, jus amer, sucre alcoolisable, de 16 à 18 %. Tannin, $0^{gr},69$ %, floraison première quinzaine de mai.

« Médaille d'or, jus amer parfumé, sucre, 19 à 23 %. Tannin, $0^{gr},55$ %, floraison commencement de juin, arbre très fertile.

« Levoyageur, jus amer parfumé, sucre, 18 à 22 %. Tannin, $0^{gr},27$ %, floraison première quinzaine de mai, arbre très fertile et très rustique.

« Maturité, première quinzaine de décembre :

« Pomme Bramtot, jus doux-amer, sucre, 18 à

23 %. Tannin, $0^{gr},60$ %, floraison première quinzaine de mai.

« Fréquin Audièvre, jus doux-amer, extra coloré, sucre 18 %. Tannin, $0^{gr},55$ %, floraison deuxième quinzaine de mai.

« Maturité, deuxième quinzaine de décembre et au-delà :

« Pomme Hauchecorne, jus doux, très coloré, sucre, 17 à 19 %. Tannin, $0^{gr},60$ %, floraison deuxième quinzaine de mai.

« Pomme Legentil, jus doux, extra coloré, sucre, 19 à 21 %. Tannin, $0^{gr},34$ %, floraison fin mai, arbre très fertile.

« Pomme Michelin, jus doux, très coloré, sucre, 17 à 19 %. Tannin, $0^{gr},55$ %, floraison deuxième quinzaine de mai, arbre très fertile.

« Pomme Desnos, jus doux-amer, très coloré, sucre, 17 à 19 %. Tannin, $0^{gr},34$ %, floraison première quinzaine de mai, arbre très fertile.

« Président des Héberts, jus amer, très coloré, sucre, de 16 à 21 %. Tannin, $0^{gr},55$ %, floraison première quinzaine de mai, arbre très fertile.

« Pomme à tannin, jus très amer (jus) peu coloré, sucre, 18 à 21 %/°. Tannin, $1^{gr},03$ %, floraison deuxième quinzaine de mai. »

POIRES DE PRESSOIR.

Poire Halegger, jus très agréable, parfumé, sucre, 15 à 17 %. Tannin, $0^{gr},14$, floraison mi-mai, maturité octobre.

Poire de souris, jus parfumé, sucre, 15 à 17 %. Tannin, 1^{gr},37 %, floraison deuxième quinzaine d'avril, maturité deuxième quinzaine d'octobre.

On n'est pas d'accord sur l'écartement à donner aux pommiers ; c'est à tort que sous prétexte d'avoir de l'herbe meilleure on donne aux allées un écartement trop considérable. Celle qui est ombragée est recherchée par les chevaux et les vaches; elle facilite l'engraissement et fait donner aux vaches d'excellent lait. La quantité de pommiers à planter à l'hectare ne doit pas dépasser 120 ni être inférieure à 100.

Lorsqu'on plante les entes on a l'habitude de mettre au pied une grande quantité de fumier, il vaut mieux mélanger au sol 2 kil. d'engrais chimique spécial, lequel en s'assimilant promptement donne un développement rapide à la végétation du jeune plant.

Ceux qui créent des vergers ne prennent pas en général les mesures convenables pour en assurer la durée.

Chaque jour on voit disparaître les meilleures espèces, celles dont les fruits sont les plus renommés, telles que les Peau de vache, Marie Hanfray, Bedan, Vagnon, etc.

M. E. Marchand cite à ce sujet une observation de M. Leudet, chimiste consciencieux et distingué, qui explique cette situation.

M. Leudet a constaté que ces variétés donnaient toujours des fruits riches en phosphates et en potasse, tandis que les pommes dont les arbres producteurs se développent aujourd'hui dans les vergers normands sont proportionnellement moins riches en ces deux sortes d'éléments.

L'importation dans le sol d'un engrais spécial à la dose de 2 à 300 kil. par hectare suffirait, croyons-nous, pour remédier à cet appauvrissement.

DU SUCRE DANS LES FRUITS.

Il est un fait incontestable, c'est que le même arbre, suivant qu'il est placé à telle ou telle exposition ou dans un terrain de telle ou telle constitution, donne des fruits d'une saveur différente et surtout plus ou moins riches en matières saccharines.

A quoi devons-nous attribuer ces différences ?

Le sucre est un corps neutre qui se compose dans le raisin et approximativement dans les autres fruits en général de :

> 36.71 de carbone.
> 56.51 d'oxygène.
> 6.78 d'hydrogène.
> ————
> 100

Il est ainsi formé par divers éléments puisés dans l'air et dans le sol ; le carbone a pour origine l'acide carbonique de l'air, l'oxygène et l'hydrogène sont fournis par l'eau dont le sol est plus ou moins largement saturé par les pluies.

Il en résulte que, suivant les saisons plus ou moins favorables, les fruits sont plus ou moins sucrés et les boissons à la fabrication desquelles ils ont servi sont plus ou moins riches en alcool. Il semble qu'on peut établir en principe que la quantité de sucre trouvée dans les fruits est en raison directe de la somme des calories qu'ils ont reçus aux différentes époques de leur formation et plus particulièrement au moment où s'accomplit le travail de la maturation.

Ces éléments, l'air et l'eau, les fournissent, et nous ne pouvons absolument rien faire pour en augmenter ou en diminuer la puissance ; nous n'avons également pas à nous préoccuper d'en opérer la restitution puisque le carbone, l'oxygène et l'hydrogène se trouvent pour ainsi dire en quantités inépuisables dans la nature.

Mais nous voyons que chaque espèce, chaque plante, donne des produits plus ou moins parfumés ; cela tient évidemment à la structure particulière des spongioles dont leurs racines sont pourvues ; ce sont de véritables dialysateurs qui procèdent d'une façon mystérieuse et infaillible pour s'approprier ce qui leur est propre dans les éléments minéraux que le sol contient et que l'on retrouve invariablement dans toutes les plantes, qu'elles soient alimentaires, vénéneuses, parfumées ou tinctoriales ; là encore nous devons nous incliner sous bien des rapports ; mais dans certains cas la science nous donne le droit et nous fait même un devoir d'intervenir.

Car la constitution du sol joue à son tour un rôle bien important dans la formation des matières sucrées et d'autres encore qui sont nécessaires pour obtenir de bon cidre et de bon vin.

Si l'atmosphère fournit les éléments organiques, le sol contient les éléments minéraux qui sont indispensables à toutes les plantes sans exception. L'acide phosphorique, qui est un composé de phosphore et d'oxygène, joue un rôle très important dans la formation du sucre, car chacun sait qu'en en faisant absorber 1^k,100 par les racines douces comme les betteraves à sucre, on les dote de 100 kil. de sucre alcoolisable.

Il semble qu'on peut en conclure par induction que si les plantes qui produisent les fruits qui sont des appareils à évaporation trouvaient à proximité des spongioles de leurs racines les eaux du sol saturées d'acide phosphorique assimilable, elles pourraient s'en emparer et par l'endosmose et la capillarité produire des fruits plus riches en matières saccharines. Il est prouvé que les cidres de la vallée d'Auge, par exemple, dont le sol contient sur 100 parties de terre sèche :

1^k,032 d'acide phosphorique, sont beaucoup plus riches en alcool que ceux de la Seine-Inférieure, dont l'analyse n'a trouvé que :

0^k,386 dans la même quantité de terre sèche.

Ne savons-nous pas tous que dans la même commune et quelquefois dans le même verger, il y a de bons et de mauvais fruits avec les mêmes variétés de pommiers; nous devons en attribuer la cause à la mauvaise constitution du sol qui produit des fruits plus ou moins riches en matières saccharines, suivant la nature des éléments qu'il renferme ; or, on sait que la proportion de sucre alcoolisable dans la pomme à cidre varie de 14 à 23 % suivant les saisons, les terrains et les variétés ; on sait également, d'après les travaux de M. Pasteur, que 1 kil. de sucre de fruits indique un produit net de $0^k,484$ d'alcool absolu.

Dans ces conditions, pour obtenir la bonne constitution du sol d'un verger, il serait intéressant de connaître les éléments qui entrent dans la composition du jus des pommes, qui offre une densité maximum de $10°,6$ de l'aréomètre de Beaumé, et ce qu'il doit contenir sur 1,000 parties :

D'eau,

D'azote,

D'acide phosphorique,

De potasse,

De magnésie.

De chaux.

Jusqu'alors les analyses font défaut, et lorsque nous les connaîtrons il faudra, avant d'établir un verger dans de bonnes conditions, s'assurer par l'analyse si le sol contient de tous ces éléments les quantités suffisantes pour obtenir avec des variétés de choix des fruits propres à la fabrication d'excellentes boissons.

Si ces éléments manquent, il faut les fournir au sol par une addition d'engrais spéciaux complets, car on sait que l'absence d'un seul élément peut occasionner de grands mécomptes, le défaut de potasse dans un sol destiné à la vigne rend inactifs tous les autres éléments.

De très sérieuses expériences sont tentées en ce moment par les deux Sociétés d'Agriculture du Havre pour la solution de ce problème; des commissions composées d'hommes pratiques et compétents fonctionnent, mais les résultats ne seront pas obtenus en un jour, il faut du temps et de la persévérance pour avoir une solution qui puisse devenir une règle. J'espère que le dévouement d'hommes amis du progrès ne fera pas défaut, et que les rapports qui seront publiés jetteront quelque lumière sur cette question, qui intéresse non seulement notre pays, mais toutes les contrées vinicoles et particulièrement l'Algérie où la culture de la vigne prend chaque jour une nouvelle extension, dans des terrains d'une constitution plus ou moins favorable à la production du vin.

Mais pour que ces expériences offrent une certaine garantie, il faut les tenter avec le même engrais composé suivant les exigences de la plante, surtout pour notre pays. — Si la vigne ne trouve pas dans la partie supérieure du sol les éléments nécessaires à ses exigences, elle peut, à l'aide de ses racines pivotantes et gourmandes, se les procurer dans les différentes couches qu'elle traverse; il n'en est pas de même du pommier qui a généralement des racines horizontales et superficielles.

Voici la formule que nous avons adoptée et qui pourra être modifiée suivant les analyses des jus qui nous seront remises :

3 % Azote nitrique ammoniacal et organique.
6.50 Acide phosphorique.
10 % Potasse pure.
2 Magnésie.
15 Chaux.

Que chacun peut composer comme suit :

8 Nitrate de potasse, 3 % d'azote, 45 % potasse.
5 Sulfate d'ammoniaque, 20 % d'azote.
20 Tourteaux de colza des Indes, 3 % d'azote, 2 % d'acide phosphorique.
10 Phosphate précipité, 40 % d'acide phosphorique.
20 Superphosphate d'os, 13 %.
13 Chlorure de potassium, 80 %.
7 Sulfate de magnésie.
17 Sulfate de chaux.
___
100

L'engrais doit être mis à l'automne.

ANALYSE DU SOL.

La première chose que l'exploitant doit faire en entrant sur une ferme, c'est de chercher à connaître bien exactement la constitution du sol qu'il doit cultiver.

Le moyen le plus prompt, c'est d'en faire faire l'analyse par un chimiste qui soit bien au courant de ce travail, ou à la station agronomique de sa région, afin de s'assurer si le sol contient tous les éléments nécessaires et en quantité suffisante pour obtenir des récoltes abondantes.

Pour qu'une terre soit propre à la culture des céréales dans le Nord de la France, elle doit contenir par 100 kil. de terre sèche, d'après M. A. Joulie :

> 0 kil. 100 d'azote.
> 0 — 100 d'acide phosphorique.
> 5 — de chaux.
> 0 — 300 de magnésie.
> 0 — 250 de potasse.
> 0 — 100 de soude.

Soit pour un hectare, sur une épaisseur de couche arable de 0ᵐ,20 ou 4,000,000 de kil. :

> 4.000 d'azote.
> 4.000 d'acide phosphorique.
> 200.000 de chaux.
> 12.000 de magnésie.
> 10.000 de potasse.
> 4.000 de soude.

Ces matières sont en partie à l'état insoluble,

mais par les labours bien faits, par le contact de l'atmosphère, et par certaines combinaisons mystérieuses qui s'opèrent dans le sol, elles deviennent peu à peu assimilables et cèdent aux plantes auxquelles elles sont nécessaires une partie de ce qu'il leur faut.

Tull, dit M. Isidore Pierre en partant de ces principes, est parvenu à faire douze récoltes successives de froment, sans autres engrais que l'usage très souvent répété de la charrue et de la houe à cheval.

Mais, puisque ces éléments forment la constitution d'un sol fertile, ils doivent être considérés comme une réserve, et les emprunts qu'on y fait obligent à se soumettre à la loi de restitution, car, lorsque les proportions d'éléments indiqués ci-dessus n'existent plus, il faut se hâter d'y apporter remède. Comme, d'après M. Gasparin, les terres les plus fertiles ne contiennent pas plus de 4 % de leur poids en éléments essentiels, il faut entretenir cette provision.

Sans cette précaution, le cultivateur peut user ses bras et vider sa bourse sans succès ; ainsi, par exemple, une terre manque-t-elle d'acide phosphorique, on se plaint de l'insuffisance du grain dans le blé, et de sucre dans les betteraves et dans les fruits. On ne cesse de répéter tel compost n'est pas *grainissant*, telle partie de mon verger est *mauvais cru*. Avec une addition de superphosphate et encore mieux d'engrais complet, ces défauts disparaissent.

Si le sol ne contient pas suffisamment de potasse et de chaux, les blés sont sujets à la verse.

Dans une terre qui ne contient pas 50,000 kil. de chaux à l'hectare, le trèfle ne réussit pas.

Il est donc très important de connaître la composition du sol qu'on cultive et de le modifier au besoin; car la terre est un vaste laboratoire dans lequel se prépare une partie de ses éléments destinés à la végétation ; si elle vient à manquer d'un élément, le fumier en manque également, et faute d'avoir fait analyser le sol, le fermier peut, pendant toute la durée de son bail, marcher d'insuccès en insuccès, sans se rendre compte des causes qui les ont produits.

Malheureusement la science est souvent impuissante à distinguer les éléments immédiatement solubles et assimilables de ceux qui ne le deviennent qu'avec le temps; l'azote à l'état d'humus est insoluble, il devient assimilable à l'aide de la chaux.

L'acide phosphorique redevenu insoluble à l'état de sexquioxyde de fer se transforme et redevient assimilable avec les matières organiques à l'aide de certaines combinaisons qui s'opèrent dans le sol. C'est pour cette raison que dans la culture intensive mixte, nous n'employons pas les engrais minéraux seuls, et que nous les associons au fumier, au sang, à la viande desséchée et aux tourteaux.

Pour bien opérer, il faut compléter l'analyse scientifique par des expériences pratiques et éta-

blir sur chacun des assolements des champs d'expériences aussi simplement organisés que possible.

En tenant compte des résultats, on sera en mesure de remédier au mal par un complément d'engrais chimiques.

Voici comment il faut procéder à la prise des
échantillons pour faire d'une manière convenable
l'analyse des terres :

« Deux cas sont à considérer pour un même
« champ : 1° cas d'un sol homogène ; 2° sol varia-
« ble dans son aspect et sa composition.

« Si le sol présente, en ce qui concerne sa cons-
« titution géologique, sa fertilité ou son aspect
« physique, des parties très différentes, il sera
« bon, dans le cas d'une étude complète à faire,
« de prélever, dans chacun de ces points diffé-
« rents, des échantillons spéciaux.

« Cette prise d'essai se fera avec toutes les pré-
« cautions indiquées plus loin.

« Si le sol est homogène, s'il appartient dans
« toute l'étendue du champ à la même formation
« géologique, il suffira de prélever un échantillon
« moyen en observant les indications qui vont
« suivre.

« On se rend sur le champ avec une brouette ou
« une bâche, une bêche et une pelle, et l'on dé-
« termine les endroits où doivent se faire les
« prises. On nettoie la surface des points désignés
« en s'aidant de la pelle, puis avec la bêche on
« creuse une tranchée à parois verticaux dans la
« couche arable.

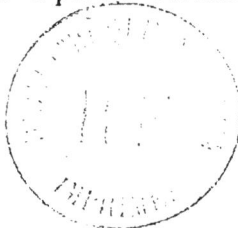

7

« On rejette la terre sur les côtés et l'on nettoie
« la fosse dont les dimensions doivent avoir $0^m,40$
« de longueur sur $0^m,30$ de largeur environ. Alors
« avec la bêche on découpe des tranches verti-
« cales que l'on soulève avec la pelle et que l'on
« jette dans la brouette. On renouvelle cette opé-
« ration sur chacun des points désignés et l'on
« rapporte l'échantillon à la ferme où on l'étale sur
« une aire bien propre pour le faire sécher. Cette
« dessication est nécessaire pour la conservation
« des nitrates.

« La terre est ensuite bien mélangée ; il en
« est prélevé 1 à 3 kil. que l'on expédie dans un
« sac au laboratoire. Lorsque l'échantillon est très
« caillouteux, il faut l'augmenter et le porter au
« poids de 10 kil. environ. »

(Bulletin des Agriculteurs de France).

CHAMPS D'EXPÉRIENCES.

Nous donnons (page 104) le modèle du champ
d'expériences que nous avons établi depuis plusieurs années et qui nous a fortifié dans la réso-
lution de suivre la culture mixte, fumier et engrais
chimiques, avec une restitution complète des éléments enlevés au sol par les récoltes, sans abuser
des sels ammoniacaux et des nitrates.

Soumis à la culture ordinaire, les comparaisons
sont faciles avec des labours et des semis faits à la
même époque.

On a beaucoup préconisé les engrais incomplets

en supprimant dans les formules les éléments dont le sol était abondamment pourvu.

On a fait des engrais incomplets, sans potasse, sans phosphate ou sans chaux, sans songer qu'avec un demi-fumier et des engrais chimiques nous finirions par appauvrir le sol au lieu de l'enrichir.

Nous basons ordinairement la somme d'engrais que nous fournissons au sol sur ce que nous trouvons à la récolte, mais on sait d'après de nombreuses expériences qu'au moment de la floraison, au mois de mai, la récolte de blé, par exemple, emprunte à la terre quatre fois plus d'azote et de potassse et deux fois plus d'acide phosphorique que la récolte à sa maturité n'en contiendra.

L'emprunt s'accroît jusqu'à fin juin, il décroît rapidement jusqu'en juillet. C'est ce qui explique les insuccès éprouvés sur des terres pauvres, malgré la quantité suffisante d'engrais dépensée. Excepté l'azote, qu'il faut bien se garder de fournir en excès, il arrive qu'au moment où la plante fleurit et a besoin d'un énorme excédent de certains éléments, à leur défaut la végétation souffre et on a pas ce qu'on attendait.

Gardons-nous bien des engrais chimiques incomplets et apportons toujours plutôt plus que moins des éléments minéraux qui enrichissent le sol et permettent de satisfaire à toutes les exigences de la récolte. Restitution complète, voilà notre devise.

TABLES DE WOLFF

Composition moyenne des récoltes fraîches ou séchées au soleil par 1,000 kilogr. de chaque matière indiquée.

DÉSIGNATION DES MATIÈRES	EAU	CENDRES	AZOTE	ACIDE phosphorique	POTASSE	SOUDE	CHAUX	MAGNÉSIE
Fourrages secs.								
Foin de prairie	144	66.6	13.1	4.1	17.1	4.7	7.7	3.3
— très mur	144	66.2	»	2.9	5.0	1.9	8.5	2.3
Trèfle rouge	160	56.5	21.3	5.6	19.5	0.9	19.2	6.9
— blanc.	160	60.3	23.8	8.5	10.6	4.7	19.4	6.0
— hybride.	160	46.5	24.5	4.7	15.7	0.7	14.8	7.1
Luzerne	160	60.0	23.0	5.1	15.2	0.7	28.8	3.5
Esparcette	160	45.3	21.3	4.7	17.9	0.8	14.6	2.6
Vesces vertes.	160	73.4	22.7	9.4	30.9	2.1	19.3	5.0
Avoine verte	145	61.8	»	5.1	24.1	2.0	4.1	2.0
Fourrages verts.								
Herbe de pré en fleur.	700	23.3	4.4	1.5	6.0	1.6	2.7	1.1
Jeune herbe	800	20.7	5.0	2.2	11.6	0.4	2.2	0.6
Ray-Grass	700	21.3	5.7	1.7	5.3	0.9	1.6	0.5
Avoine en tuyaux.	700	21.0	5.4	2.3	6.1	0.6	20	0.8
— en fleur.	820	17.0	»	1.4	7.1	0.8	1.2	0.6
Blé en tuyaux.	770	16.6	3.8	1.4	6.5	0.6	1.1	0.5
— en fleur	770	22.4	»	1.7	7.8	0.4	1.1	0.3
Seigle en fourrage.	690	21.7	»	1.6	5.6	0.1	0.7	0.5
Millet-Moha.	700	16.3	4.3	2.4	6.3	0.1	1.2	0.5
Orge en tuyaux.	680	23.1	4.0	1.3	8.6	»	2.5	1.9
Orge en fleur.	680	22.5	3.6	2.2	5.9	0.1	1.4	0.7
Trèfle rouge	800	13.4	5.9	1.3	4.6	0.2	4.6	1.6
— blanc.	810	13.6	5.6	2	2.4	1.1	4.3	1.4
— hybride.	815	10.2	»	1	3.5	0.2	3.2	1.6
Luzerne	753	17.6	7.2	1.5	4.5	0.2	8.5	1.0
Esparcette	785	11.6	5.1	1.2	4.6	0.2	3.7	0.7
Vesces vertes.	820	15.7	4.8	2.0	6.6	0.5	4.1	1.1
Pois verts	815	13.7	5.1	1.8	5.6	»	3.9	1.1
Colza vert	850	13.5	5.1	1.2	4.4	0.5	3.1	0.6
Maïs fourrage.	852	8.2	3.2	0.7	2.4	0.1	1.2	0.1
Sarrasin	828	17.6	5.1	1.1	4.3	0.2	6.6	3.7
Plantes-racines.								
Pommes de terre	750	9.4	3.2	1.8	5.6	0.1	0.2	0.4
Topinambours.	800	10.3	3.2	1.6	6.7	»	0.4	0.3

DÉSIGNATION DES MATIÈRES	EAU	CENDRES	AZOTE	ACIDE phosphorique	POTASSE	SOUDE	CHAUX	MAGNÉSIE
Betteraves à fourrage	883	8.0	1.7	0.8	4.3	1.2	0.4	0.4
— à sucre	816	8.0	1.6	1.1	4.0	0.8	0.5	0.7
Turneps	909	7.5	1.6	1.0	3.0	0.8	0.8	0.3
Navets	915	6.1	1.3	1.1	3.1	0.2	0.8	0.1
Choux-raves	877	9.5	2.5	1.4	4.9	0.6	0.9	0.2
Carottes	860	8.8	2.1	1.1	3.2	1.9	0.9	0.5
Têtes de betteraves à sucre	840	6.5	2.0	0.8	1.9	1.6	0.6	0.7
Chicorée	800	10.4	2.5	1.5	4.2	0.8	0.9	0.7
Feuilles en partie herbacées des plantes racines.								
Pommes de terre (fin août)	825	15.6	6.3	1.0	2.3	0.4	5.1	2.6
— (commencement d'octobre)	770	11.8	4.9	0.6	0.7	0.1	5.5	2.7
Betteraves à fourrages	907	14.8	3.0	0.8	4.3	3.1	1.7	1.4
— à sucre	897	18.0	3.0	1.3	4.0	3.0	3.6	3.3
Turneps	898	14.0	3.0	1.3	3.2	1.1	4.5	0.6
Choux-raves	850	25.3	3.5	2.6	3.6	1.0	8.4	1.0
Carottes	808	26.1	5.1	1.2	3.7	6.0	8.6	1.2
Chicorée	850	18.7	»	1.7	11.2	0.1	2.7	0.6
Choux blancs	885	12.4	2.4	2.0	6.0	0.5	1.9	0.4
Trognons de choux	820	11.6	1.8	2.4	5.1	0.6	1.3	0.5
Produits ou déchets de fabrication.								
Pulpe de betteraves	692	9.7	2.9	1.0	3.6	0.8	2.5	0.5
— ordinaires	692	9.3	2.9	1.2	2.3	1.2	2.5	»
— résidus des app. cent	820	5.6	2.4	0.7	2.6	0.5	1.4	»
— résidus de macérations	885	4.1	1.6	0.3	1.5	0.4	1.1	0.5
Fine farine de froment	136	4.1	18.9	2.1	1.5	0.1	0.1	0.3
Farine de seigle	142	16.9	16.8	8.5	6.5	0.3	0.2	1.4
— d'orge	140	20.0	16.0	9.5	5.8	0.5	0.6	2.7
— grossière d'orge	113	49.8	»	14.4	9.4	0.7	1.2	3.8
— de maïs	140	9.5	16.0	4.3	2.7	0.3	0.6	1.4
— de millet	140	11.6	»	5.5	2.3	0.3	»	3.0
Gruau de sarrasin	140	6.2	»	3.0	1.6	0.4	0.1	0.8
Son de froment	135	55.6	22.4	28.8	13.3	0.3	2.6	9.4
— de seigle	131	71.4	23.2	34.2	19.3	0.9	2.5	11.3
Tourteaux de colza	150	5.6	45.3	20.7	13.6	0.1	6.4	6.1
— de lin	115	55.2	43.3	19.4	12.9	0.8	8.8	4.7
— de pavots	100	95.4	52.0	36.1	19.8	4.3	4.1	26.8
— de noix	136	46.4	»	20.3	15.4	»	5.7	3.1
Graine du cotonnier	115	61.5	»	29.5	21.8	»	2.6	2.8
Pailles.								
Blé d'hiver	141	42.6	3.2	2.3	4.9	1.2	2.6	1.1
Seigle d'hiver	154	40.7	2.4	1.9	7.6	1.3	3.1	1.3
Épeautre d'hiver	143	47.7	3.2	3.0	5.3	0.2	2.3	0.4

DÉSIGNATION DES MATIÈRES	EAU	CENDRES	AZOTE	ACIDE phosphorique	POTASSE	SOUDE	CHAUX	MAGNÉSIE
Seigle d'été.	143	47.6	2.5	3.1	11.1	»	4.4	1.3
Orge.	140	43.9	4.8	1.9	9.3	2.0	3.3	1.1
Avoine.	141	44.0	4.0	1.8	9.7	2.3	3.6	1.8
Maïs.	140	47.2	4.8	3.8	16.6	0.5	5.0	2.6
Pois.	143	49.2	10.4	3.8	10.7	2.6	18.6	3.8
Fèves de marais.	180	58.4	16.3	4.1	25.9	2.2	13.5	4.6
— de jardin.	150	51.5	»	4.1	19.1	3.1	14.1	2.7
Sarrasin	160	51.7	13.0	6.1	24.1	1.1	9.5	1.9
Colza	170	38.0	3.0	2.7	9.7	3.9	10.1	2.1
Pavots	160	66.0	»	2.3	25.1	0.9	19.9	4.3
Balles.								
Blé	138	92.5	7.2	4.0	8.4	1.7	1.9	1.2
Epeautre.	130	82.7	4.6	6.0	7.9	0.2	2.0	2.1
Orges (barbes)	140	122.4	4.8	2.4	9.4	1.1	12.7	1.6
Avoine.	143	79.0	6.4	0.2	10.4	3.8	7.0	2.1
Maïs (rafles)	115	5.0	2.3	0.2	2.4	0.1	0.2	0.2
Capsules de lin	120	58.3	»	1.6	18.1	2.5	17.2	1.6
Plantes textiles.								
Tige de lin paille	140	31.9	»	4.3	11.8	1.6	8.3	2.3
— de lin rouie	100	21.6	»	1.3	1.9	1.0	11.1	1.2
Filasse.	100	6.0	»	0.7	0.2	0.2	3.8	0.3
Lin (plante entière)	250	32.3	»	4.7	11.3	1.5	5.0	2.9
Litières diverses.								
Bruyère	200	30.1	10.0	1.8	4.8	1.9	6.8	3.0
Genêts à balais	160	18.9	»	1.6	6.9	0.5	3.2	2.8
Fougère	160	58.9	»	5.7	25.2	2.7	8.3	4.5
Roseaux	180	38.5	»	0.8	3.3	0.1	2.3	0.5
Carex	140	69.5	»	4.7	23.1	5.1	3.7	2.9
Grains et graines de plantes agricoles.								
Blé	143	17.7	20.8	8.2	5.5	0.6	0.6	2.2
Seigle	149	17.3	17.6	8.2	5.4	0.3	0.5	1.9
Orge.	145	21.8	16.0	7.2	4.8	0.6	0.5	1.8
Avoine.	140	26.4	17.9	5.5	4.2	1.0	1.0	1.8
Epeautre velu.	148	35.8	16.0	7.2	6.2	0.6	0.9	2.1
Maïs.	136	12.3	16.0	5.5	3.3	0.2	0.3	1.8
Riz non mondé.	120	69.0	»	32.6	12.7	3.1	3.5	5.9
— mondé	130	3.4	»	1.7	0.8	0.2	0.1	0.5
Millet non mondé.	130	39.1	24.0	9.1	4.7	0.4	0.4	3.3
Millet mondé.	131	12.3	»	6.6	2.3	0.7	»	2.3
Sorgho.	140	16.0	»	8.1	4.2	0.5	0.2	2.4
Sarrasin	141	9.2	14.4	4.4	2.1	0.6	0.3	1.2

DÉSIGNATION DES MATIÈRES	EAU	CENDRES	AZOTE	ACIDE phosphorique	POTASSE	SOUDE	CHAUX	MAGNÉSIE
Colza	120	37.3	37.3	16.4	8.8	0.4	5.2	4.6
Lin	118	32.2	32.0	13.0	10.4	0.6	2.7	4.2
Chanvre	122	48.1	26.2	17.5	9.7	0.4	11.3	2.7
Pavot	147	52.2	28.0	16.4	7.1	0.5	18.5	5.0
Moutarde	120	37.8	»	14.7	6.0	2.2	7.1	3.9
Betterave	140	48.7	»	7.6	9.1	8.4	7.6	9.2
Navet	120	35.0	»	14.1	7.7	0.3	6.1	3.0
Carotte	120	74.8	»	11.8	14.3	3.6	29.0	5.0
Pois	138	24.2	35.8	8.8	9.8	0.9	1.2	1.9
Vesce	136	20.7	44.0	7.9	6.3	2.2	0.6	1.8
Fèves de marais	141	29.6	40.8	11.6	12.0	0.4	1.5	2.0
Fèves de jardin	148	26.1	»	7.9	11.5	0.8	2.0	2.0
Lentilles	134	17.8	41.7	5.2	7.7	1.8	0.9	0.4
Lupin	138	34.0	60.0	8.7	11.4	6.0	2.7	2.1
Trèfle	150	36.9	»	12.4	13.8	0.2	2.3	4.5
Esparcettes	160	37.6	»	9.0	10.8	1.1	11.9	2.5
Produits animaux.								
Lait	874	7.0	6.4	1.9	1.7	0.7	1.5	0.2
Viande de veau	780	12.0	34.9	5.8	4.1	1.0	0.2	0.2
— de bœuf	770	12.6	36.0	4.3	5.2	»	0.2	0.4
— de porc	740	10.4	34.7	4.6	3.9	0.5	0.8	0.5
— de cheval	780	12.0	»	5.6	4.7	0.7	0.2	0.5
Veau (poids vivant)	662	38.0	25.0	13.8	2.4	0.6	16.3	0.5
Bœuf	597	46.6	26.6	18.6	1.7	1.4	20.8	0.6
Brebis	591	31.7	22.4	12.3	1.5	1.4	13.2	0.4
Porc	528	21.6	20.0	8.8	1.8	0.2	9.2	0.4
Sang	790	8.3	32.0	0.4	0.6	3.8	0.1	0.1
Laine	100	21.2	94.4	2.4	»	5.1	2.8	»
Œufs	672	84.8	21.8	3.2	1.6	1.5	43.3	0.3
Fromage	450	67.4	45.3	11.5	2.5	26.6	6.9	0.3
Engrais.								
Fumier d'étable	750	69.1	5.0	3.2	6.8	1.5	6.8	1.7
— frais	710	44.1	4.5	2.1	6.0	0.6	5.7	1.4
— à demi-consommé et un peu desséché	750	74.5	5.0	2.5	7.0	2.0	7.5	1.9
— consommé	790	72.9	5.8	3.4	5.0	0.8	9.8	1.8
Purin	982	10.7	1.5	0.1	4.9	1.0	0.3	0.4
Excréments humains frais	772	29.9	10.0	10.9	2.5	1.6	6.2	3.6
Urine humaine fraîche	953	13.5	6.0	1.7	2.0	4.6	0.2	0.2
Mélange des deux frais	935	14.0	7.0	2.6	1.9	3.8	0.9	0.6
Fosses d'aisances	970	15.0	3.5	2.8	2.0	4.0	1.0	0.6
Fumier de pigeon	250	27.8	17.6	32.0	18.0	1.0	26.0	9.0

Les tables de Wolff ont été publiées en France par M. Grandeau, directeur de la station agronomique de Nancy.

Les quelques extraits que nous venons de donner peuvent servir à calculer la somme des fertilisants de chaque récolte et à permettre de maintenir la fertilité du sol en opérant par voie de restitution.

Voyons ce qu'enlève d'azote, d'acide phosphorique, de potasse, de chaux et de magnésie une récolte de blé de 2,500 kil. de grain et 5,000 kil. de paille.

Les tables donnent les fertilisants par 1,000 kil., il faut multiplier les chiffres que nous y trouverons par 2,50 pour le blé et par 5 pour la paille.

	AZOTE.	ACIDE PH⁵ⁿ.	POTASSE.	CHAUX.	MAGNÉSIE.
Pour le grain.	51	20.50	13.75	1.50	2.20
Pour la paille.	16	11.50	24.50	13.00	1.10
	67	32.00	38.25	14.50	3.20

Cet exemple doit suffire pour calculer les pertes que les récoltes font subir au sol.

FRAUDE.

Depuis longtemps, l'insuffisance des fumiers de ferme s'est fait sentir dans l'agriculture de toute l'Europe. A peine le guano du Pérou avait-il fait son apparition que l'usage s'en est répandu avec défiance d'abord et ensuite avec une rapidité telle que les premiers et bons gisements du Pérou ont été épuisés.

On a eu recours aux gisements inférieurs et plus

COMPTABILITÉ DE CHAMP D'EXPÉRIENCES AGRICOLES

Année 1881

BLÉ — 10 ARES

SANS ENGRAIS, SANS FUMIER

ENGRAIS MINÉRAUX INCOMPLETS

Sans chaux		Sans phosphate		Sans potasse		Sans azote	
DÉBIT	A CRÉDIT	DÉBIT	B CRÉDIT	DÉBIT	C CRÉDIT	DÉBIT	D CRÉDIT

ENGRAIS ORGANIQUE

Débit	Crédit

ENGRAIS MINÉRAL

Débit	Crédit

1/3 FUMIER DE FERME, 2/3 ENGRAIS ORGANIQUE

Débit	Crédit

FUMIER DE FERME

Débit	Crédit

pauvres en éléments fertilisants, mais au fur et à mesure que les prix s'élevaient, la quantité baissait et on vendait toujours sous le nom de guano du Pérou, et même du Haut-Pérou, des produits dont la valeur variait de 6 à 32 fr.

Quand on demandait aux concessionnaires de garantir un dosage minimum, ils vous répondaient généralement : « Le guano est un produit naturel, les couches des gisements ne peuvent pas être identiques, nous ne pouvons pas prendre d'engagements qui deviendraient une source de difficultés, nous livrons le guano pur, tel qu'il nous arrive du Pérou. »

Il en résulte que, suivant la bonne ou la mauvaise chance, on payait 35 fr. un engrais qui n'en valait quelquefois que 20 à 25.

Mais si l'importation livrait le guano à l'état sec, il n'en était pas souvent de même des revendeurs; ils y introduisaient souvent, au moyen d'arrosages en magasin, de 15 à 20 % d'eau et au besoin vous donnaient un titrage, soit :

Azote garanti. . . . 8 %
Phosphate 18

Mais ce n'était plus avec 100 kil. qu'on l'obtenait, mais avec 115 ou 120 kil. qu'il fallait payer.

Le guano d'ailleurs n'est pas un engrais complet, il ne contient pas de potasse, dont presque toutes les plantes font une énorme consommation.

Les déceptions sont arrivées, à la suite de nombreux insuccès, on a cherché autre chose. Alors est venu le règne des nitrates de soude et de potasse et du sulfate d'ammoniaque.

Les résultats au début ont été splendides, tant que le sol était pourvu d'acide phosphorique, de potasse et de chaux.

Ces principaux éléments sont nécessaires à la vie des végétaux, c'est à la condition de les restituer qu'on peut les prendre ; les sels ammoniacaux les enlevaient sans rien rendre ; c'est la ruine qui est venue, et le sol est devenu impuissant à rien procréer. Tant que cela a pu durer, on a eu d'excellentes récoltes à peu de frais, mais il y a eu un lendemain : à force de toujours prendre sans rendre, on s'est trouvé en face d'une stérilité que rien ne pouvait vaincre ; il a fallu chercher autre chose. La fraude, d'ailleurs, se faisait sur une large échelle, sur les nitrates et les sulfates ammoniacaux. C'était à qui vendrait le meilleur marché ; on les mélangeait avec des chlorures, du kaïnit et des sulfates à bas prix qu'on ne pouvait distinguer que par l'analyse ; peu de cultivateurs prenaient cette précaution, les fraudeurs le savaient bien et profitaient de cette incurie.

Aux gens confiants, ils vendaient des nitrates avec 2 ou 3 % d'azote en moins, des sulfates d'ammoniaque avec des titrages en ammoniaque au lieu d'azote et, avec ces différences, ils faisaient des profits considérables, puisqu'un kil. d'azote nitrique ou ammoniacal vaut 2 fr. à 2 fr. 50.

Rien n'était stipulé sur la facture que le nom et

le poids de l'engrais ; la justice n'avait rien à y voir.

La culture de ce pays, bien à tort à notre avis, a pendant longtemps négligé l'emploi des superphosphates ; on les vendait aux 100 kil. et non au degré d'acide phosphorique assimilable et soluble.

Le cours était régulièrement de 15 à 16 fr. les 100 kil., on passait au client des superphosphates bas titres ou insolubles, et comme il n'y avait de stipulé sur la facture que le poids et le nom de l'engrais, la justice n'avait encore rien à y voir. Mais aussitôt un article usé, on en mettait un autre en circulation.

Le règne des phospho-guano est venu. Il y en a eu et il y en a encore de très bons ; il y en a eu, il y en a encore de très mauvais.

Tous deux ont marché parallèlement sous la même désignation ; il y a eu de bons résultats et de déplorables. On ne saurait calculer les dommages que la fraude sur cet article a causé aux cultivateurs ; outre qu'ils étaient volés sur le prix d'achat, ils manquaient de récoltes, et, fatigués de marcher de déception en déception, ils devenaient rebelles à toute innovation et renonçaient à l'emploi des engrais chimiques.

On a voulu faire du phospho-guano une panacée universelle, une véritable revalescière agricole sans songer que cet engrais, qui ne contient pas de potasse, ne peut convenir ni aux luzernes, ni aux trèfles, ni aux lins, ni aux pommes de terre dont la dominante est la potasse, c'est un engrais incomplet et qui ne peut guère opérer qu'une restitution insuffisante.

On ferait des volumes entiers avec les différents moyens employés par les fraudeurs pour échapper à la loi, mais tous n'y réussissent pas. Je me bornerai à citer deux exemples que nous avons eus sous les yeux :

En 1874, un sieur J..., du Havre, avait été condamné à un an de prison et 2,000 fr. d'amende par la cour de Caen, pour avoir vendu sous le nom de guano du Pérou un engrais composé de matières étrangères.

On a pu constater que diverses personnes avaient vendu au sieur J... des cendres de tourbes et un tas considérable de divers ingrédients sans valeur destinés à être mélangés avec des guanos inférieurs ou avariés ; une personne entre autres avait livré dans ses magasins plus de 30.000 kil. de cendres de tourbes ; enfin il y avait au Havre, à cette époque, un ancien four à briques entretenu à sécher de l'argile pour la falsification des guanos.

Nous avons conservé une circulaire datée de 1876. Voici ce qu'on y lisait :

Nous vous offrons des phosphates en poudre qui ressemblent à s'y méprendre à du guano et qui sont très convenables pour être mélangés avec celui-ci. Les prix élevés du guano rendent cette manipulation très profitable, car notre phosphate ne vous coûtera que 6 fr. les 100 kil. rendus chez vous ; nous en vendons plusieurs milliers de tonnes chaque année.

Or, savez-vous ce que contenait ce fameux phosphate ?

M. Corinwinder en a fait l'analyse :

Eau. 0.900
Phosphate de chaux tribasique. . . . 42.900
Matières inertes. 56.200

On achetait 6 fr., on revendait 33 fr. les 100 kil. C'était un joli bénéfice.

Enfin est venu le règne des engrais chimiques complets, suivant la méthode de M. Georges Ville.

A entendre certains promoteurs de la nouvelle école, il n'y avait plus besoin de fumier ; on pouvait cultiver sa ferme sans béstiaux.

C'était le retour à l'âge d'or.

Des hommes considérables ont protesté contre ces exagérations.

« Il est constant, comme le dit M. Isidore
« Pierre, le savant professeur de la faculté de
« Caen, que pour obtenir de bons effets des en-
« grais minéraux sur les récoltes, il est important
« de les répandre sur un sol riche en débris d'en-
« grais organiques, parce que, employés seuls et
« un grand nombre de fois de suite, ils peuvent
« déterminer l'épuisement de la terre par suite
« même de la plus grande abondance des récoltes
« qu'elles provoquent. »

M. Ladureau, directeur de la station agronomique de Lille, dit aussi :

« Des cultivateurs qui avaient abusé des en-
« grais minéraux ont avoué qu'après plusieurs
« années de soins et de dépenses assez élevées de
« fumier, ils n'avaient pu remettre leurs terres à
« l'état primitif.

« Cette désagrégation du sol peut être produite
« également, quoiqu'à un moindre degré, par des
« engrais chimiques ne renfermant que des sels
« minéraux, tels que nitrates, sels ammoniacaux
« et sels potassiques, bien que ces engrais em-
« ployés conjointement avec le fumier et autres
« matières organiques aient donné dans presque
« tous les cas des effets excellents. Cela met net-
« tement en lumière le rôle et l'utilité de l'humus
« dans le sol. »

Dans l'achat des engrais chimiques spéciaux
complets, le cultivateur a trois moyens de com-
battre la fraude.

Sachant que :

L'azote ammoniacal fourni par le sulfate d'ammoniaque vaut . . . . . . 2 fr. » à 2 fr. 50

L'azote nitrique fourni par
le nitrate de potasse. . . . 2   50   »   »

L'azote nitrique fourni par
le nitrate de soude. 2   » à 2   25

L'azote organique fourni
par le sang desséché. . . . 2   40 à 2   50

L'azote organique fourni
par les poils, les cornes et les
os. . . . . »   » à 1   50

Que le phosphore à l'état d'acide phosphorique soluble et assimilable au premier titre vaut. . . . . » fr. 80 à 1 fr. »

Que 2.183 de phosphate doivent fournir 1 kil. d'acide phosphorique.

Que la potasse à l'état de nitrate vaut. . . . . » 70 à » »

A l'état de chlorure. . . » 48 à » 50

Le cultivateur doit poser au marchand d'engrais les questions suivantes :

Combien votre engrais contient-il :

D'azote ammoniacal,
— nitrique,
— organique ?

Combien de potasse à l'état de nitrate ?

Combien de potasse à l'état de chlorure ?

Combien d'acide phosphorique soluble et assimilable ?

Soluble dans le nitrate à froid ?

Soluble dans l'eau ?

Lui demander de mettre les dosages sur la facture.

Si on ne connaît pas le marchand et qu'on ait des doutes, faire analyser les engrais par un chimiste. Et enfin, le dernier moyen le plus sûr, ne s'adresser pour l'achat des engrais qu'à des maisons honnêtes et connues par les bons résultats obtenus précédemment par leurs engrais chimiques spéciaux.

N. B. — Ne jamais accepter dans les formules le mot azote seul, puisque avec cette désignation on peut vous donner de l'azote inerte et sans valeur, sans que la justice ait rien à y voir.

Pour terminer, nous nous associons à M. H. Joulie quand il dit dans sa remarquable étude des engrais chimiques :

« Au fond des campagnes, on n'est guère au « courant des progrès de la science agronomique, « et le plus souvent on se laisse tenter par l'insis- « tance de voyageurs à grand étalage qui ne « donnent aucune garantie et vendent aux culti- « vateurs quelques sacs d'engrais dont ils pro- « mettent des merveilles et qu'ils facturent dix « fois au-dessus de leur valeur réelle.

« Si l'on parcourt les annonces et prospectus « qui ont été publiés depuis 1807, on est frappé du « caractère d'ambiguité qu'a prise depuis cette « époque la garantie du dosage.

« La plupart de ces annonces portent la mention « du dosage garanti ; mais lorsqu'on cherche en « quoi consiste la garantie offerte, on s'aperçoit « bientôt qu'elle n'est pas compromettante pour « le vendeur. »

HORTICULTURE.

C'est surtout en horticulture que l'emploi des engrais chimiques spéciaux et complets a donné les résultats les meilleurs et les plus tangibles.

A la ferme, une grande partie des produits est consommée sur place et la restitution faite au sol par les fumiers est presque complète.

Dans le jardinage, au contraire, toute la production est exportée et ce n'est qu'à force de fumier et d'engrais qu'on peut entretenir la fertilité du sol.

Mais ici, la nature des fumiers et des engrais employés a souvent de graves inconvénients pour la qualité des produits.

A un moment donné, par un travail de la nature qu'on appelle l'endosmose, les plantes absorbent les liquides que les racines ont recueillis dans le sol à l'état complètement assimilable.

Si elles n'ont absorbé que de l'eau pure, les légumes n'ont aucune saveur ; si le jardinier a employé le fumier et la gadoue, ces engrais ont une détestable influence sur la saveur des produits.

Pour n'en citer qu'un exemple, on sait qu'au temps du roi Henri IV, le vin d'Argenteuil était fort estimé; aujourd'hui que ce même cru est abondamment fumé avec les gadoues de Paris, il a perdu toutes ses qualités.

8

Avec les engrais chimiques et surtout à l'aide des superphosphates, les matières saccharines se développent et les légumes ont un goût délicieux.

C'est donc surtout dans le jardinage qu'il faut servir aux végétaux les éléments constitutifs de leur organisation, sous la forme qui leur convient le mieux, en tenant compte de la nature du terrain employé, « car il est très difficile, dit M. de Gas- « parin, de faire prospérer dans les terrains cal- « caires les végétaux qui ne réclament la chaux « qu'en proportion modérée et qui appartiennent « en propre à la flore des terrains siliceux. Les « soins et la culture n'y peuvent rien, les végé- « taux n'ont qu'une existence misérable, lan- « guisent et meurent. »

Le jardin doit être le laboratoire de la ferme, l'étude de la chimie agricole y est agréable et facile au point de vue pratique, la moindre erreur dans la composition des formules se traduit par des mécomptes.

Si l'on donne des minéraux en excès aux légumes foliacés, les feuilles qu'on utilise seules deviennent dures et peu mangeables.

L'azote en excès dans l'engrais destiné aux légumes dont on utilise les fruits secs, tels que les haricots, produit une abondance de feuilles aux dépens de la production de la graine.

Un engrais trop riche en potasse pour les plantes bulbeuses a pour effet d'en empêcher la conservation ; l'hiver, au grenier, les bulbes se décompo- sent spontanément.

C'est donc en horticulture surtout qu'il faut appliquer la théorie et la pratique de l'engrais spécial et le composer suivant les exigences de chaque plante.

Après nous être assuré par une longue pratique des résultats favorables des diverses compositions, nous avons adopté un certain nombre de formules qui nous ont toujours bien réussi.

Elles sont au nombre de 15, savoir :

N° 1. — *Légumes foliacés, Cucurbitacées.* — Laitues, chicorées, épinards, choux, melons, etc.
100 grammes au mètre carré.

N° 2. — *Légumes racines (longs).* — Carottes, navets longs, salsifis, radis noirs, betteraves, céleri, etc.
100 grammes au mètre carré.
Epandage en deux fois.

N° 3. — *Légumes à fruits secs.* — Haricots, pois, etc.
100 grammes au mètre carré.

N° 4. — *Légumes bulbeux.* — Oignon, ail, poireaux.
100 grammes au mètre carré.

N° 5. — *Légumes racines (plats).* — Navets plats, radis autres que les radis noirs.
100 grammes au mètre carré.

N° 6. — *Pommes de terre.*
100 grammes au mètre carré.
Epandage en deux fois.

N° 7. — *Asperges.*
200 grammes au mètre carré.
Les arrosages au silicate de potasse ont donné de très bons résultats dans les conditions suivantes : On prend du silicate de potasse so-

luble à 28° du densimètre de Beaumé et on
le réduit à 1° pour en arroser les griffes.

N° 8. — *Artichauts.*

100 grammes au mètre carré.

L'épandage doit être fait aussitôt après le radon-
nage.

N° 9. — *Fraisiers.*

100 grammes au mètre carré.

Ajouter des cendres de bois.

N° 10. — *Arbres fruitiers (chlorose).*

200 grammes au mètre carré.

Enlever la terre presque jusqu'aux racines, afin
de bien mélanger l'engrais au sol et arroser.

Cet engrais est un excellent remède contre la
chlorose.

N° 11. — *Vignes et fructification.*

150 grammes par mètre carré.

Agir comme pour les arbres fruitiers.

D'après M. Lebrun, dit M. Isidore Pierre, l'alun
agit énergiquement sur la vigne, on en a fait
l'essai sur une vaste échelle, dans les vignobles
de la Franche-Comté et du Beaujolais.

Avant de rechausser les ceps, on verse auprès
de chaque pied quelques litres d'une dissolution faible d'alun, en évitant d'approcher trop
près de la naissance de la racine. On assure
que cette dissolution a l'avantage d'éloigner de
ces plantes les insectes qui attaquent les racines au bas des tiges.

N° 12. — *Plantes d'ornement à tige herbacée.*

100 grammes au mètre carré.

N° 13. — *Plantes d'ornement à tige ligneuse.*

100 grammes au mètre carré.

N° 14. — *Plantes bulbeuses d'ornement.*
    100 grammes au mètre carré.
N° 15. — *Fougères et Carex.*
    100 grammes au mètre carré.
        Sauf pour les arbres fruitiers et la vigne, pour lesquels le mode d'épandage a été décrit plus haut, on sème l'engrais à la volée et on l'incorpore soigneusement au sol avec la fourche crochue ou le rateau.
        Pour les semis de radis, navets et choux, on éloigne les allises ou pucerons en semant de la suie en couverture.

L'agriculture l'emporte sur l'horticulture par l'étendue de son domaine ; mais le cultivateur, en général, ne fait produire au sol que la moitié de ce qu'il peut rendre, le jardinier, au contraire, pratique depuis longtemps la culture intensive, et grâce à l'emploi des engrais, il ne laisse jamais la terre en repos.

Que le propriétaire et le fermier fassent sans hésitation leur jardinage à l'engrais chimique, ils comprendront son utilité, ils apprendront que grâce à la loi de restitution, l'emploi des engrais spéciaux et complets, loin d'épuiser le sol, en augmente la fertilité ; ils appliqueront alors ces principes à leurs fermes et obtiendront ainsi un maximum de production qui est la base fondamentale de la prospérité industrielle et agricole.

L'emploi des engrais chimiques dans le jardin permet d'utiliser dans la ferme le fumier, toujours insuffisant pour la culture des céréales.

Il faut aussi que le jardinier tienne compte de l'économie de transport et de main-d'œuvre qui en résulte.

Le fumier ne contient que 10 % de son poids de matières fertilisantes, et les divers éléments qui composent ces 10 % ne sont pas toujours d'une prompte et complète assimilation, tandis que les engrais chimiques s'assimilent, pour ainsi dire, immédiatement.

C'est donc à l'aide d'engrais chimiques spéciaux et complets, répondant aux exigences de chaque plante, que le jardinier pourra produire avec économie, précocité et profit de beaux et succulents légumes.

Il importe beaucoup de se conformer exactement aux indications données ci-dessus après chaque formule, pour la quantité d'engrais à employer ; l'excès en est dangereux, et il résulte d'observations et d'expériences que nous avons faites, que si d'un côté les engrais chimiques employés suivant nos indications donnent les meilleurs résultats, par contre, leur emploi immodéré a pour effet de faire périr les plantes dès qu'elles sont frappées des rayons du soleil.

APPENDICE.

Du Pralinage en horticulture.

Par allusion à certaines opérations qu'on pratique dans l'industrie, pour amalgamer certaines substances, on nomme pralinage un travail qui consiste à tremper les racines des plantes à repiquer dans une sorte de bouillie très épaisse, qui a l'avantage d'empêcher l'air et la lumière d'atteindre et de brûler le chevelu et de fournir aux plantes, pendant un temps plus ou moins long, une nourriture particulière et parfois même un puissant engrais.

Lorsque l'on plante des boutures de plantes herbacées ou des arbres, on se trouve très bien d'employer ce mode conservateur et souvent excitateur.

Le moyen le plus simple, c'est de prendre de la terre de jardin et d'y verser de l'eau saturée de l'engrais spécial complet et de faire une bouillie assez claire pour l'interposer entre les racines des végétaux, et assez consistante pour y adhérer et les recouvrir d'une couche plus ou moins épaisse.

Ayant planté dans un terrain maigre des choux dont les racines avaient été trempées dans un pralin fortement azoté, je remarquai qu'ils vinrent aussi beaux que certains autres qui n'avaient pas été pralinés mais qui étaient plantés dans une terre riche et bien fumée.

(*Revue horticole*).

AVIS ESSENTIEL.

L'engrais ne doit jamais être mis en contact avec la semence ni autant que possible sur les feuilles.

L'épandage doit être toujours fait en deux fois.

La première, après le semis ou avec le repiquage;

La seconde, quand la plante est levée ou bien reprise et que la végétation se fait bien sentir.

En donnant l'engrais trop épais, on s'exposerait, quand la plante n'a pas assez de vigueur, à des mécomptes.

TABLE ALPHABÉTIQUE

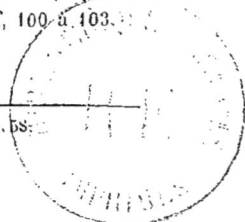

Rouen.— Imp. Léon DESHAYS, rue des Carmes, 58.

www.ingramcontent.com/pod-product-compliance
Lightning Source LLC
Chambersburg PA
CBHW071207200326
41519CB00018B/5415